じっくり味わう
代数学

海老原 円 著

Ohmsha

はじめに

　高校1年生程度の数学の知識がある人なら気軽に読めて，大学の専門課程で学ぶ代数学の雰囲気が味わえる……．本書はそんな一冊を目指しています．

　本書は，いわば数学の連作短編集です．各章の内容はほぼ独立していますが，代数学という底流がそれらをつないでいます．

　簡単に骨組みを紹介しましょう．

　Chapter 1では，整数の話題を取り扱い，1次不定方程式とよばれる方程式の整数解の求め方を考察します．

　Chapter 2とChapter 3では，平方根や立方根の筆算法と，その一般化を述べます．一見，代数学とは無関係のようですが，この部分は，「代数学とは何か？」という，本書全体を貫くテーマの前奏曲だと思ってください．

　Chapter 4では，作図の問題を代数的に取り扱います．

　Chapter 5では，暗号と代数学の関連について述べ，抽象的な代数学にも触れます．

　Appendix（付録）では，方程式の解の近似値の求め方について，少し高度な手法も交えて説明します．

　全体をじっくり読んで味わうと，実はすべての内容がつながっていることが感じとれる仕組みになっています．そういうわけで，本書の題名を『じっくり味わう代数学』としました．

　「味わう」という行為は，極めて個人的な営みです．たとえばグラスに注がれたワインを前にしたとき，ある人はその色合いから熟成の歳月を推し量り，ある人はぶどう畑の土埃の匂いに思いを馳せ，またある人は，グラスの向こうの相手からのまなざしに酔う……．それぞれに主体的な関わりがそれぞれの場面に存在します．

　本書では，素材をなるべくそのままの形で読者の皆さんに直接提供する，というスタイルをとっています．何をどう味わうかは皆さんの自由です．どうぞじっくり味わって，皆さん自身の代数学を発見してください．

　最後にひと言申し上げます．本書にはワインバーの場面が散りばめられていて，それは数学的な内容とリンクしています．しかし，アルコールが飲めなくても本書は読めます．どうぞご安心ください．

　2021年3月

　　　　　　　　　　　　　　　　　　　　　　　　　海老原　円

本書の読み方

　本書は，代数学の基礎をやさしく学べる入門書です．初等整数論から作図問題，暗号と代数学の関連などを，会話や図説を絡めながら，各節（テーマ）を4つのステップで順を追って解説しています．代数学に苦手意識のある方でも気軽に読み進められる，楽しい一冊です．

節で考察するテーマです

各ステップは理解しやすく読みやすい分量で区切っています

ワンポイントのヒントや補足です

節で解説したことのまとめです

「Wine bar story」について

　本書では，各章の冒頭や解説中に「Wine bar story」と題した，架空のワインバーの会話を挿入した構成となっています．解説する題材の紹介や，考察するうえでのヒントを散りばめていますので，こちらも合わせて読み進めていただくと，より楽しく理解しやすいでしょう．

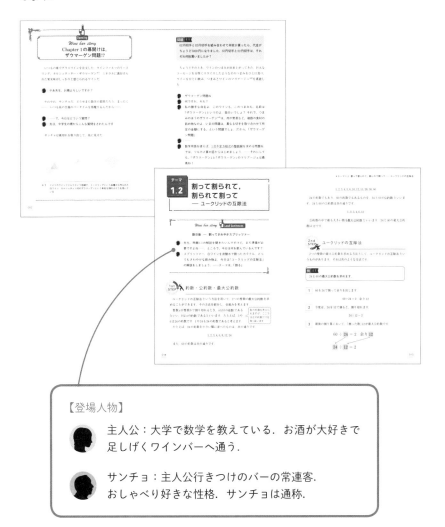

【登場人物】

主人公：大学で数学を教えている．お酒が大好きで足しげくワインバーへ通う．

サンチョ：主人公行きつけのバーの常連客．おしゃべり好きな性格．サンチョは通称．

Contents

Chapter **1**

1次不定方程式の
代数学

1次不定方程式とよばれる方程式の整数解を求め
るために,「行列の基本変形」,「ユークリッドの
互除法」という,一見無関係な2つの手法を組み
合わせます.テーマ1.1からテーマ1.4を通じて,
2つの手法のマリアージュをご賞味ください.

Wine bar story

Chapter 1の幕開けは，ザウマーゲン問題!?

　　いつもの席でグラスワインを注文した．ラインファルツのリースリング，カルシュタッター・ザウマーゲン※1．ミネラルに裏付けられた果実味がしっかりと感じられるワインだ．

：やあ先生，お隣よろしいですか？

　　やれやれ，サンチョだ．どうせまた数学の質問だろう．まったく……．いつも私の至福のバータイムを邪魔するんだから……．

：……で，今日はどういう質問？
：先日，中学生の甥からこんな質問をされたんです

　　サンチョは紙切れを取り出して，私に見せた．

※1　ドイツのラインファルツという地域で，リースリングという品種から作られた白ワイン．カルシュタット村のザウマーゲンという有名な畑のぶどうを用いている．

62円切手と82円切手を組み合わせて何枚か買ったら，代金が
ちょうど3000円になりました．62円切手と82円切手は，それ
ぞれ何枚買いましたか？

　ちょうどそのとき，ワインのつまみが出来上がってきた．巨大な
ソーセージを分厚くスライスしたようなそのつまみをひと口食べ，
ワインをひと口飲み，つまみとワインのマリアージュ※2を堪能し
た．

　🔲：ザウマーゲン問題ね

　🔲：何ですか，それ？

　🔲：私の勝手な命名よ．このワインも，このつまみも，名前は
　　　「ザウマーゲン」というのよ．面白いでしょ？ それで，つま
　　　みのほうのザウマーゲン※3は，肉や野菜など，複数の食材の
　　　詰め物なのよ．いまの問題は，異なる切手を取り合わせて所
　　　定の金額にする，という問題でしょ．だから，「ザウマーゲ
　　　ン問題」

　🔲：……

　🔲：数学用語を使えば，1次不定方程式の整数解を求める問題ね．
　　　では，ツルカメ算の話からはじめましょう．……それにして
　　　も，「ザウマーゲン」と「ザウマーゲン」のマリアージュは最
　　　高ね！

※2　フランス語で「結婚」の意．両者のよい相性のこと．よい本を作るには，著者
　　　と編集者のマリアージュが必要ですが，本当に結婚するわけではありません．

※3　ラインファルツ地方の郷土料理．豚の胃袋に肉やジャガイモなどを詰めたもの．
　　　スライスして両面を焼いて食べる．こってりした味がその土地のワインとよく
　　　合う．

お前は
すでに解けている!
—— 同値変形と行列の基本変形

1st
STEP 「お通し」はツルカメ算

まず,次の問題を考えます.**ツルカメ算**ですね.

問題 1.2

ツルとカメが合わせて10匹います.足の数は合計26本でした.ツルと
カメはそれぞれ何匹いますか?

ツルの足は2本,カメの足は4本です.違う本数の足を持つツルとカメが
なぜか混ざっていて,その足をなぜか一緒に数えてしまう,という実に

シュールな問題なのですが,ここでは,
いったん,カメに前足2本を引っ込め
てもらうことにしましょう.

> 前足だけを引っ込める,などということ
> がカメにできるのでしょうか?……この
> 状況もかなりシュールですね!

このとき,外に見えている足は,ツルもカメも2本ずつです.ツルとカメ
は合わせて10匹ですから,足の数の合計は20本です.

$$2 \times 10 = 20$$

しかし,実際には,足の数の合計は26本です.

$$26 - 20 = 6$$

6本多いわけですが,その6本の足はどこにあるのでしょうか? そうで
す.カメが引っ込めている前足が合計6本なのです.

したがって

$$6 \div 2 = 3$$

という割り算により，カメが3匹だということがわかります．そして

$$10 - 3 = 7$$

という引き算により，ツルが7羽だということもわかります．

2nd STEP 定番メニューの消去法

⊟ 方程式を立てて解く

連立1次方程式を用いて，問題1.2を解いてみましょう．

ツルがx羽，カメがy匹いるとすると，次のような連立1次方程式が立てられます．これを方程式(1.1)とよぶことにします．

$$\begin{cases} x + y = 10 & \cdots ❶ \\ 2x + 4y = 26 & \cdots ❷ \end{cases} \tag{1.1}$$

消去法とよばれる方法を用いて，この方程式を解きましょう．

まず，式❶を辺々2倍すると，次の式❸が得られます．

$$2x + 2y = 20 \cdots ❸$$

次に，式❷から式❸を辺々引きます．

$$\begin{array}{r} 2x + 4y = 26 \cdots ❷ \\ -) \quad 2x + 2y = 20 \cdots ❸ \\ \hline 2y = 6 \cdots ❹ \end{array}$$

式❹を辺々2で割れば

$$y = 3 \cdots ❺$$

が得られます．さらに，式❶から式❺を辺々引けば，$x=7$ が得られます．

$$
\begin{array}{r}
x+y = 10 \quad \cdots \ ❶ \\
-) \qquad y = 3 \quad \cdots \ ❺ \\
\hline
x \qquad\ \ = 7 \quad \cdots \ ❻
\end{array}
$$

こうして，方程式 (1.1) が解けました．解は

$$
x=7, \quad y=3
$$

です．やはり，「ツルが7羽，カメが3匹」という答えが得られました．

⊟ 同値変形

さて，ここで「同値変形」という考え方を用いて，消去法の仕組みをもう少し噛み砕き，じっくり味わってみることにします．

方程式 (1.1) を解く際，式❶と式❷から式❹を導きました．ここで，式❶と式❹の組み合わせを別の連立1次方程式と考え，これを方程式 (1.2) とよぶことにします．

$$
\begin{cases}
x+y = 10 & \cdots \ ❶ \\
2y = 6 & \cdots \ ❹
\end{cases}
\tag{1.2}
$$

最初の連立1次方程式 (1.1) を変形して，新しい連立1次方程式 (1.2) を作った，と考えるわけです．

このとき，逆に，方程式 (1.2) から方程式 (1.1) を復元することができます．実際，式❶を辺々2倍したものを式❹に辺々加えれば，式❷に戻ります．

$$
\begin{array}{r}
2y = 6 \quad \cdots \ ❹ \\
+)\ 2x+2y = 20 \quad \cdots \ ❶\times 2 \\
\hline
2x+4y = 26 \quad \cdots \ ❷
\end{array}
$$

したがって，方程式 (1.1) と方程式 (1.2) は，相互に一方から他方が導かれます．このようなとき，2つの方程式は同値であるといい，次のように表

します．また，このような式変形を**同値変形**とよびます．

$$\begin{cases} x+y = 10 \cdots ❶ \\ 2x+4y = 26 \cdots ❷ \end{cases} \iff \begin{cases} x+y = 10 \cdots ❶ \\ 2y = 6 \ \cdots ❹ \end{cases}$$

⊟ 方程式のアク抜き ―― お前はすでに解けている！

ここで，方程式 (1.1) と方程式 (1.2) の解について考えます．

方程式 (1.1) から方程式 (1.2) が導かれるので，方程式 (1.1) の解は方程式 (1.2) の解でもあることになります．逆に，方程式 (1.2) から方程式 (1.1) を導くこともできるので，方程式 (1.2) の解は方程式 (1.1) の解でもあるわけです．

したがって，方程式 (1.1) を解きたければ，同値な方程式 (1.2) を解けばよいわけですが，方程式 (1.1) と方程式 (1.2) を見比べると，方程式 (1.2) のほうが少し簡単そうですね．

> 食べ物にたとえるなら，アクが抜けて，食べやすくなった感じです

こうして，次のような戦略が立てられます．

戦略：同値変形によって，方程式をどんどん簡単にしよう！

方程式の同値変形を続けましょう．今度は，式❹から式❺を得ました．

$$y = 3 \cdots ❺$$

このとき，式❺から式❹に戻ることもできるので，次のような同値変形が得られたことになります．

$$\begin{cases} x+y = 10 \cdots ❶ \\ 2y = 6 \ \cdots ❹ \end{cases} \iff \begin{cases} x+y = 10 \cdots ❶ \\ y = 3 \ \cdots ❺ \end{cases}$$

さらに，式❶から式❺を辺々引いた式❻を作りました．式❻に式❺を辺々加えれば式❶に戻るので，次のような同値変形が得られたことになります．

$$\left\{ \begin{array}{l} x+y = 10 \ \cdots \ ❶ \\ y = 3 \ \cdots \ ❺ \end{array} \right. \iff \left\{ \begin{array}{l} x = 7 \ \cdots \ ❻ \\ y = 3 \ \cdots \ ❺ \end{array} \right.$$

ここまで変形してくると，もうこれが方程式なのか，解なのか，よくわかりませんね．そうです．すでに解けているのです！

同値変形によって方程式を簡単にしていき，これ以上簡単にできないほど簡単にしたとき，それはすでに解けているのです！

3rd STEP　行列とその基本変形

⊟ 行列

方程式 (1.1) の係数と定数項に着目しましょう．

$$\left\{ \begin{array}{l} \boxed{1} \cdot x + \boxed{1} \cdot y = \boxed{10} \ \cdots \ ❶ \\ \boxed{2} \cdot x + \boxed{4} \cdot y = \boxed{26} \ \cdots \ ❷ \end{array} \right.$$

四角で囲んだ部分が係数と定数項です．これらを並べて，大きなカッコでくくると，次のようになります．

$$\begin{pmatrix} 1 & 1 & 10 \\ 2 & 4 & 26 \end{pmatrix}$$

このようなものを，連立1次方程式 (1.1) の**拡大係数行列**とよびます．

> ここでは定義しませんが，「係数行列」という概念もあります．それと区別するために「拡大係数行列」という言葉を使うのです

一般に，数を縦横に長方形の形に並べて，それらをひとくくりにしたものを**行列**とよびます．

いま，方程式 (1.1) の拡大係数行列を A と表しましょう．

> 行列を1文字で表すときは，A, B などのアルファベット大文字を使います

$$A = \begin{pmatrix} 1 & 1 & 10 \\ 2 & 4 & 26 \end{pmatrix}$$

行列の中にあらわれる数を**成分**とよびます．上の行列 A の成分は6個あって，縦に2個，横に3個並んでいます．

行列の左上の成分を(1, 1)成分とよびます．「上から数えて1番目，左から数えて1番目の成分」という意味です．上から1番目，左から2番目の成分は(1, 2)成分とよびます．一般に，上から i 番目，左から j 番目の成分を (i, j) 成分といいます．

$$\begin{pmatrix} (1, \ 1)成分 & (1, \ 2)成分 & (1, \ 3)成分 \\ (2, \ 1)成分 & (2, \ 2)成分 & (2, \ 3)成分 \end{pmatrix}$$

成分の横の並びを**行**とよびます．上の行列 A には2つの行があります．上の行を**第1行**といい，下の行を**第2行**といいます．

$$\begin{pmatrix} \boxed{第 \ 1 \ 行} \\ \boxed{第 \ 2 \ 行} \end{pmatrix}$$

また，成分の縦の並びを**列**といいます．いちばん左の列が**第1列**，その隣の列が**第2列**，という具合です．

$$\begin{pmatrix} \boxed{第1列} & \boxed{第2列} & \boxed{第3列} \end{pmatrix}$$

⊟ 行列のさばき方の基本 ── 3つの基本変形

方程式 (1.1) から方程式 (1.2) への同値変形を思い出しましょう．

$$\begin{cases} x+y = 10 \cdots ❶ \\ 2x+4y = 26 \cdots ❷ \end{cases} \Longleftrightarrow \begin{cases} x+y = 10 \cdots ❶ \\ 2y = 6 \ \cdots ❹ \end{cases}$$

この変形に伴って，拡大係数行列は次のように変化しています．

$$\begin{pmatrix} 1 & 1 & 10 \\ 2 & 4 & 26 \end{pmatrix} \longrightarrow \begin{pmatrix} 1 & 1 & 10 \\ 0 & 2 & 6 \end{pmatrix} \tag{1.3}$$

方程式 (1.1) の第2式 (式❷) から第1式 (式❶) の2倍を辺々引いて，方程式 (1.2) の第2式 (式❹) を作りました．ですから，拡大係数行列の第2行から第1行の2倍を引いたものが，新しい第2行になっています．

ここで，「第1行を2倍する」操作や，「第2行から第1行の2倍を引く」操作は，対応する成分ごとに行います．

$$
\begin{array}{ccc}
1 & 1 & 10 \\
& \downarrow \times 2 & \\
2 & 2 & 20
\end{array}
\qquad
\begin{array}{ccc}
& 2 & 4 & 26 \\
- & 2 & 2 & 20 \\
\hline
& 0 & 2 & 6
\end{array}
$$

一般に，次の3種類の操作を行列の**基本変形**とよびます (R_1 は行列の第1行，R_2 は第2行のことです．行列の「行」を英語で「row」というからです)．

基本変形1　行列の2つの行を交換する
➡第1行と第2行を交換することを，ここでは「$R_1 \leftrightarrow R_2$」と表します．

基本変形2　行列のある行に0でない定数をかける
➡たとえば，第2行を3倍することを「$R_2 \times 3$」と表します．

基本変形3　行列のある行に別の行の何倍かを足したり引いたりする
➡たとえば，第1行に第2行の5倍を加えることを，「$R_1 + 5R_2$」と表します．第2行から第1行の2倍を引くことを「$R_2 - 2R_1$」と表します．

連立1次方程式の拡大係数行列の基本変形は，次のような式変形に対応します．

- 基本変形1は，式の順序の入れかえに対応します.

理論的にはこのような式変形が不可欠です

- 基本変形2は，ある式を辺々定数倍することに対応します.
- 基本変形3は，ある式に別の式の定数倍を足したり引いたりするという操作に対応します.

☐ さばいて解け ── 基本変形と連立1次方程式

方程式 (1.1) は，次のような同値変形をくり返して解きました.

$$\begin{cases} x+y=10 \\ 2x+4y=26 \end{cases} \overset{(ア)}{\Longleftrightarrow} \begin{cases} x+y=10 \\ 2y=6 \end{cases}$$

$$\overset{(イ)}{\Longleftrightarrow} \begin{cases} x+y=10 \\ y=3 \end{cases} \overset{(ウ)}{\Longleftrightarrow} \begin{cases} x=7 \\ y=3 \end{cases}$$

（ア）第2式から第1式の2倍を辺々引く

（イ）第2式を辺々2で割る

（ウ）第1式から第2式を辺々引く

対応する拡大係数行列の変形は，次の通りです.

$$\begin{pmatrix} 1 & 1 & 10 \\ 2 & 4 & 26 \end{pmatrix} \xrightarrow{R_2-2R_1} \begin{pmatrix} 1 & 1 & 10 \\ 0 & 2 & 6 \end{pmatrix}$$

$$\xrightarrow{R_2\times\frac{1}{2}} \begin{pmatrix} 1 & 1 & 10 \\ 0 & 1 & 3 \end{pmatrix} \xrightarrow{R_1-R_2} \begin{pmatrix} 1 & 0 & 7 \\ 0 & 1 & 3 \end{pmatrix}$$

ここで，最後の行列が

$$\begin{pmatrix} 1 & 0 & * \\ 0 & 1 & * \end{pmatrix}$$

という形であることに注意しましょう．これは，対応する「方程式」が

$$\begin{cases} x = \cdots \\ y = \cdots \end{cases}$$

という形になったこと，つまり，解に到達したことを意味します．

そこで，このような形の行列を最終形とよびましょう．

結局，連立1次方程式の拡大係数行列に基本変形をくり返しほどこして，最終形にすれば，方程式は解けるということがわかります．

4th STEP　習うより慣れろ！

少し練習しましょう．

連立1次方程式

$$\begin{cases} 2x+4y = 28 \\ 3x+5y = 38 \end{cases}$$

の拡大係数行列をBとすると，$B = \begin{pmatrix} 2 & 4 & 28 \\ 3 & 5 & 38 \end{pmatrix}$です．この行列に基本変形をくり返しほどこして最終形にしましょう．

$$\begin{pmatrix} 2 & 4 & 28 \\ 3 & 5 & 38 \end{pmatrix} \xrightarrow[(\mathcal{P})]{R_1 \times \frac{1}{2}} \begin{pmatrix} 1 & 2 & 14 \\ 3 & 5 & 38 \end{pmatrix}$$

$$\xrightarrow[(\mathcal{A})]{R_2 - 3R_1} \begin{pmatrix} 1 & 2 & 14 \\ 0 & -1 & -4 \end{pmatrix} \xrightarrow[(\mathcal{D})]{R_2 \times (-1)} \begin{pmatrix} 1 & 2 & 14 \\ 0 & 1 & 4 \end{pmatrix}$$

$$\xrightarrow[(\mathcal{I})]{R_1 - 2R_2} \begin{pmatrix} 1 & 0 & 6 \\ 0 & 1 & 4 \end{pmatrix}$$

この基本変形は，次のような考え方に基づいています．

（ア）第1行全体を$\frac{1}{2}$倍して，$(1, 1)$成分を1にしました．

$$\begin{pmatrix} 2 & * & * \\ * & * & * \end{pmatrix} \xrightarrow{R_1 \times \frac{1}{2}} \begin{pmatrix} 1 & * & * \\ * & * & * \end{pmatrix}$$

(イ) 第2行から第1行の3倍を引いて，(2, 1)成分を0にしました．

$$\begin{pmatrix} 1 & * & * \\ 3 & * & * \end{pmatrix} \xrightarrow{R_2 - 3R_1} \begin{pmatrix} 1 & * & * \\ 0 & * & * \end{pmatrix}$$

(ウ) 第2行を (−1) 倍して，(2, 2)成分を1にしました．

$$\begin{pmatrix} 1 & * & * \\ 0 & -1 & * \end{pmatrix} \xrightarrow{R_2 \times (-1)} \begin{pmatrix} 1 & * & * \\ 0 & 1 & * \end{pmatrix}$$

(エ) 第1行から第2行の2倍を引いて最終形を得ました．

$$\begin{pmatrix} 1 & 2 & * \\ 0 & 1 & * \end{pmatrix} \xrightarrow{R_1 - 2R_2} \begin{pmatrix} 1 & 0 & * \\ 0 & 1 & * \end{pmatrix}$$

この基本変形に対応する方程式の同値変形は次の通りです．

$$\begin{cases} 2x+4y=28 \\ 3x+5y=38 \end{cases} \overset{(\text{ア})}{\Longleftrightarrow} \begin{cases} x+2y=14 \\ 3x+5y=38 \end{cases}$$

$$\overset{(\text{イ})}{\Longleftrightarrow} \begin{cases} x+2y=14 \\ -y=-4 \end{cases} \overset{(\text{ウ})}{\Longleftrightarrow} \begin{cases} x+2y=14 \\ y=4 \end{cases}$$

$$\overset{(\text{エ})}{\Longleftrightarrow} \begin{cases} x=6 \\ y=4 \end{cases}$$

行列の基本変形は，消去法の考え方そのものですね！

（ まとめ ）

連立1次方程式の消去法による解法のメカニズムを考察し，それが行列の基本変形と深くかかわっていることを示しました．

割って割られて，
割られて割って
── ユークリッドの互除法

Wine bar story **Lead Sentences**

数日後 ── 割ってさわやかスプリッツァー

:先生，問題1.1の解説を聞きたいんですけど，まだ準備が必
要ですよね……．ところで，今日は何を飲んでいるんです？

:スプリッツァー．白ワインを炭酸水で割ったカクテル．とっ
てもさわやかな飲み物よ．今日は「ユークリッドの互除法」
の解説をしましょう．……テーマは，「割る」

1st STEP 約数・公約数・最大公約数

　ユークリッドの互除法という方法を用いて，2つの整数の最大公約数を求
めることができます．その方法を紹介し，仕組みを考えます．

　整数aが整数bで割り切れるとき，aはbの倍数である
といい，bはaの約数であるといいます．たとえば，3や
6は24の約数です．1や24も24の約数であると考えます．

> 負の約数も考えら
> れますが，ここで
> は正の約数だけを
> 取り扱います

　たとえば，24の約数を小さい順に並べたものは，次の通りです．

$$1, 2, 3, 4, 6, 8, 12, 24$$

　また，60の約数は次の通りです．

$$1, 2, 3, 4, 5, 6, 10, 12, 15, 20, 30, 60$$

24の約数でもあり，60の約数でもあるものを，24と60の**公約数**といいます．24と60の公約数は次の通りです．

$$1, 2, 3, 4, 6, 12$$

公約数の中で最も大きい数を**最大公約数**といいます．24と60の最大公約数は12です．

 2nd STEP 2 ## ユークリッドの互除法

2つの整数の最大公約数を求める方法として，**ユークリッドの互除法**というものがあります．それは次のような方法です．

> **例 1.1**
> 24と60の最大公約数を求めます．

1 60を24で割って余りを出します．

$$60 \div 24 = 2 \quad 余り\ 12$$

2 今度は，24を12で割ると，割り切れます．

$$24 \div 12 = 2$$

3 最後の割り算において，「割った数」12が最大公約数です．

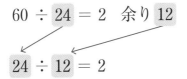

$$60 \div \boxed{24} = 2 \quad 余り\ \boxed{12}$$

$$\boxed{24} \div \boxed{12} = 2$$

　一般に，次のような方法で最大公約数を求めることができます．これが
ユークリッドの互除法です．

- aとbの最大公約数を求めたいとします$(a > b)$．
- aをbで割ります．もし余りが出なければ，aとbの最大公約数はbです．
- aをbで割った余りが$c(\neq 0)$ならば，今度はbをcで割ります．
- bをcで割ったとき，余りが出なければ，cがaとbの最大公約数です．
- bをcで割った余りが$d(\neq 0)$ならば，今度はcをdで割ります．
- このような割り算を余りが出なくなるまで続けます．割り切れたとき
  に，「最後に割った数」が最大公約数です．

> **例 1.2**
> 62と82の最大公約数は次のように求められます．

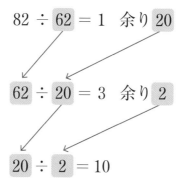

$$82 \div 62 = 1 \quad 余り \; 20$$

$$62 \div 20 = 3 \quad 余り \; 2$$

$$20 \div 2 = 10$$

最後に2で割り切れたので，求める最大公約数は2です．

> **例 1.3**
> 63と84の最大公約数は次のように求められます．

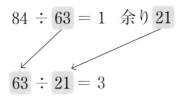

$$84 \div 63 = 1 \quad 余り \; 21$$

$$63 \div 21 = 3$$

最後に21で割り切れたので，求める最大公約数は21です．

3rd STEP 決め手はこれだ！── 謎を解くカギ

ユークリッドの互除法によって最大公約数が求められる理由を考えましょう．

まず，倍数に関する基本的な性質を述べます．

3の倍数同士を足しても引いても，やはり3の倍数です．また，3の倍数に何か整数をかけたものも，やはり3の倍数です．

一般に，nを整数とするとき，nの倍数同士を足しても引いても，やはりnの倍数です．また，nの倍数に何か整数をかけたものも，やはりnの倍数です．

いま，整数aと整数bの最大公約数を$\mathrm{GCD}(a, b)$と表すことにします．ユークリッドの互除法の謎を解くカギは，次の定理です．

定理 1.1

p, qは正の整数とする．pをqで割ったとき

$$p \div q = m \quad 余り \; r \quad (r > 0)$$

が成り立つとする．このとき

$$\mathrm{GCD}(p, q) = \mathrm{GCD}(q, r)$$

が成り立つ．

定理1.1を証明しましょう.

まず, $p = qm + r$ であることに注意します.

ある整数 s が q と r の公約数であるとしましょう. このとき, q も r も s の倍数ですので, $p(= qm + r)$ も s の倍数です. したがって, s は p の約数です. 結局, s は p の約数でもあり, q の約数でもあるので, s は p と q の公約数です.

以上の考察により, 「q と r の公約数は, p と q の公約数でもある」ということがわかります.

また, $r = p - qm$ ですので, 同様に考えると, 「p と q の公約数は, q と r の公約数でもある」ということがわかります.

> くわしい説明は省略します

こうして, p と q の公約数, q と r の公約数が一致することがわかりました. したがって, 特に, 最大公約数も一致します. つまり

$$\mathrm{GCD}(p, q) = \mathrm{GCD}(q, r)$$

が成り立ちます.

こうして, 定理1.1が証明できました.

Wine bar story Take a Break

- ：先生, どうしてこの定理がカギになるんですか？
- ：デザートが来たわね. 食べながら説明するわね
- ：先生, これは……
- ：最近はやりの「ナンバーケーキ※」よ. あたしのは「4」, あんたのは「6」. じゃあ, 最大公約数は？
- ：「2」ですね

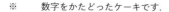

※　　　数字をかたどったケーキです.

4th STEP 甘美な謎解きの時間

いよいよ謎解きタイムです．具体例を用いて説明します．

> **例 1.4**
>
> 24, 60 にユークリッドの互除法を適用しましょう（例 1.1 参照）．

$$60 \div 24 = 2 \quad \text{余り } 12$$

ですので，定理 1.1 により

$$\mathrm{GCD}(60,\ 24) = \mathrm{GCD}(24,\ 12)$$

が成り立ちます．次に

> 定理 1.1 において，$p = 60$，$q = 24$ とすれば，$r = 12$ となりますね

$$24 \div 12 = 2$$

となり，24 が 12 で割り切れたので

$$\mathrm{GCD}(24,\ 12) = 12$$

であることがわかります．したがって

$$\mathrm{GCD}(60,\ 24) = \mathrm{GCD}(24,\ 12) = 12$$

が得られます．

> **例 1.5**
>
> 今度は，62, 82 を例にとってみましょう（例 1.2 参照）．

$$82 \div 62 = 1 \quad \text{余り } 20$$

という式から

$$\mathrm{GCD}(82,\ 62) = \mathrm{GCD}(62,\ 20)$$

が得られます．さらに

$$62 \div 20 = 3 \quad 余り 2$$

という式から

$$\mathrm{GCD}(62,\ 20) = \mathrm{GCD}(20,\ 2)$$

が得られます．最後に

$$20 \div 2 = 10$$

となり，割り切れたので

$$\mathrm{GCD}(20,\ 2) = 2$$

が成り立ちます．ここまでのことをつなぎ合わせると

$$\mathrm{GCD}(82,\ 62) = \mathrm{GCD}(62,\ 20) = \mathrm{GCD}(20,\ 2) = 2$$

が得られます．

　一般に，a を b で割って，余り c が出たとすると

$$\mathrm{GCD}(a,\ b) = \mathrm{GCD}(b,\ c)$$

が成り立ちます．
　さらに，b を c で割って，余り d が出たとすると

$$\mathrm{GCD}(b,\ c) = \mathrm{GCD}(c,\ d)$$

が成り立ちます．たとえば今度は c が d で割り切れたとすると

$$\mathrm{GCD}(c,\ d) = d$$

となります．したがって，この場合

$$\mathrm{GCD}(a,\ b) = \mathrm{GCD}(b,\ c) = \mathrm{GCD}(c,\ d) = d$$

となるわけです．a と b の最大公約数は確かに d ですね！

ユークリッドの互除法によって最大公約数が求められる理由がわかったと思います．

念のため，もう1つ具体例を取り上げておきましょう．

例 1.6

63 と 84 の最大公約数を求めます（例1.3参照）．

$$84 \div 63 = 1 \quad 余り\ 21$$
$$63 \div 21 = 3$$

が成り立つので，$\mathrm{GCD}(84,\ 63) = \mathrm{GCD}(63,\ 21) = 21$ です．

（ まとめ ）

ユークリッドの互除法について説明し，なぜ最大公約数が求められるのかを考えました．定理1.1が謎解きの決め手でした．

テーマ 1.3 まずは基本のソースから
── 基本方程式

Wine bar story **Lead Sentences**

ネギ塩だれは基本のソース

久しぶりにひとりでワインを飲んでいる．つまみに「自家製焼き豚・ネギ塩だれ添え」を注文しようと，カウンターの中を見ると……．

- ：サンチョ！ どうしてあんたがそこにいるの？
- ：そんなことより，そろそろ問題1.1の話をしてくださいよ
- ：……まずは，基本方程式の話からよ

 1次不定方程式，特に基本方程式

⊟ 1次不定方程式を立てる

問題1.1を思い出しましょう．

> **問題 1.1**
>
> 62円切手と82円切手を組み合わせて何枚か買ったら，代金がちょうど3000円になりました．62円切手と82円切手は，それぞれ何枚買いましたか？

62円切手を x 枚, 82円切手を y 枚買ったとすると, 次のような方程式が立てられます.

$$62x+82y = 3000 \tag{1.4}$$

このような方程式は, 一般に, 解が1通りに定まるとは限らないので, **不定方程式**といいます. 特に, 方程式 (1.4) は1次方程式ですから, **1次不定方程式**とよばれます. また, 求める解 x, y は切手の枚数ですから, 整数です. このような解を**整数解**とよびます.

したがって, 問題1.1を解くには, 1次不定方程式 (1.4) の整数解を求める必要があります.

⊟ 基本方程式

いきなり方程式 (1.4) を考えるのは少し難しいので, まず, 次の方程式を考えます.

$$62x+82y = 2 \tag{1.5}$$

ここで, 右辺の定数「2」は, 62と82の最大公約数です.

一般に, a, b は正の整数とし, d は a と b の最大公約数とします. このとき, 次のような形の1次不定方程式を考えます.

$$ax+by = d \tag{1.6}$$

このような方程式を, ここでは**基本方程式**とよぶことにします. これは, 料理にたとえるなら, 基本のソース, あるいは, 万能調味料にあたります. くわしくはのちほど説明しますが, 基本方程式の解が見つかると, それをもとにして, 方程式 (1.4) のような不定方程式の解を見つけることができるのです.

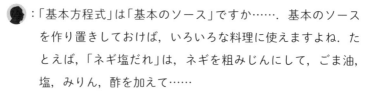

:「基本方程式」は「基本のソース」ですか……. 基本のソース
を作り置きしておけば, いろいろな料理に使えますよね. た
とえば,「ネギ塩だれ」は, ネギを粗みじんにして, ごま油,
塩, みりん, 酢を加えて……

:じゃあ, 基本方程式を解くわよ

 合わせダシでおいしい解法 ── ハイブリッド方式

a, bは正の整数とし, dはaとbの最大公約数とします. 基本方程式 (1.6)

$$ax + by = d$$

の整数解の見つけ方を説明しましょう.

> **例 1.7**
> $a = 24, b = 60$とすると, $d = 12$です (例1.1, 例1.4参照).

この場合, 基本方程式は

$$24x + 60y = 12 \tag{1.7}$$

です. この方程式の整数解を次のようにして見つけることができます.

$$\begin{pmatrix} 1 & 0 & 24 \\ 0 & 1 & 60 \end{pmatrix} \xrightarrow{R_2 - 2R_1} \begin{pmatrix} 1 & 0 & 24 \\ -2 & 1 & 12 \end{pmatrix}$$
$$\xrightarrow{R_1 - 2R_2} \begin{pmatrix} 5 & -2 & 0 \\ -2 & 1 & 12 \end{pmatrix} \qquad (1.8)$$

テーマ 1.1 で説明した行列の基本変形が登場しています．最初の行列は $\begin{pmatrix} 1 & 0 & * \\ 0 & 1 & * \end{pmatrix}$ という形です．また，第 3 列だけを取り出すと，次のような変形が起きていることがわかります．

$$\begin{pmatrix} 24 \\ 60 \end{pmatrix} \xrightarrow{R_2 - 2R_1} \begin{pmatrix} 24 \\ 12 \end{pmatrix} \xrightarrow{R_1 - 2R_2} \begin{pmatrix} 0 \\ 12 \end{pmatrix}$$

実は，この変形は，**ユークリッドの互除法**なのです！

実際，まず最初に

$$60 \div 24 = 2 \quad 余り 12 \quad すなわち \quad 60 - 2 \times 24 = 12$$

という計算に対応して，変形「$R_2 - 2R_1$」がほどこされています．次に

$$24 \div 12 = 2 \quad すなわち \quad 24 - 2 \times 12 = 0$$

という計算に対応して，変形「$R_1 - 2R_2$」がほどこされています．まさしく，ユークリッドの互除法ですね！

ここで，行列の変形 (1.8) の最後の行列 $\begin{pmatrix} 5 & -2 & 0 \\ -2 & 1 & 12 \end{pmatrix}$ の右下 ((2, 3) 成分) に 24 と 60 の最大公約数 12 があらわれています．この最大公約数 12 を含む行，つまり，第 2 行は

$$-2 \quad 1 \quad 12$$

ですが，実は，ここにあらわれた $-2, 1, 12$ は

$$24 \times (-2) + 60 \times 1 = 12$$

という式を満たすのです．つまり

> 実際に等式が成り立っていますね

$$x = -2, \quad y = 1$$

は基本方程式 (1.7)「$24x + 60y = 12$」の整数解です.

　基本方程式 (1.7) の解はほかにもたくさんあります. たとえば,「$x = 3$, $y = -1$」や,「$x = -7$, $y = 3$」も方程式 (1.7) の解です. しかし, 上のような方法で求められる解は1組だけです. この1組の解を, ここでは**特別解**とよぶことにしましょう.

　一般に, a, b は正の整数とし, d は a と b の最大公約数とします. 基本方程式 (1.6)

$$ax + by = d$$

の特別解は, 次のようにして求められます.

1 行列 $\begin{pmatrix} 1 & 0 & a \\ 0 & 1 & b \end{pmatrix}$ を考える.

2 この行列に対して, 第3列の変形がユークリッドの互除法に対応するような基本変形をくり返しほどこす.

3 最終的に

$$\begin{pmatrix} p & q & d \\ r & s & 0 \end{pmatrix} \quad \text{または} \quad \begin{pmatrix} r & s & 0 \\ p & q & d \end{pmatrix}$$

という形の行列が得られる.

4 最大公約数 d を含む行の成分 p, q, d に着目すれば, $x = p$, $y = q$ が方程式 (1.6) の整数解であることがわかる.

　これは, 行列の基本変形 (テーマ 1.1) とユークリッドの互除法 (テーマ

1.2) を組み合わせた,いわば**ハイブリッド方式**です.

それでは,このハイブリッド方式を少し練習しましょう.

> 料理にたとえるなら,2種類のダシを組み合わせた「合わせダシ」のようなものですね

例 1.8

基本方程式 (1.5)

$$62x + 82y = 2$$

の特別解を求めましょう.

特別解は次のようにして求められます.

$$\begin{pmatrix} 1 & 0 & 62 \\ 0 & 1 & 82 \end{pmatrix} \xrightarrow{R_2 - R_1} \begin{pmatrix} 1 & 0 & 62 \\ -1 & 1 & 20 \end{pmatrix}$$

$$\xrightarrow{R_1 - 3R_2} \begin{pmatrix} 4 & -3 & 2 \\ -1 & 1 & 20 \end{pmatrix} \xrightarrow{R_2 - 10R_1} \begin{pmatrix} 4 & -3 & 2 \\ -41 & 31 & 0 \end{pmatrix}$$

第3列の変形が次のユークリッドの互除法に対応しています.

$$82 \div 62 = 1 \quad 余り 20$$
$$62 \div 20 = 3 \quad 余り 2$$
$$20 \div 2 = 10$$

このとき,最後の行列の第1行

$$4 \quad -3 \quad 2$$

に着目して,基本方程式 (1.5) の特別解

$$x = 4, \quad y = -3 \tag{1.9}$$

が得られました.

 : ハイブリッド方式は便利ですね. 鰹ダシと昆布ダシを合わせ
れば, よりおいしい合わせダシの完成, というわけですか.
……でも, なぜ, この方法で整数解が求められるんですか?

 : 鰹ダシと昆布ダシをそれぞれしっかり味わっていれば, 合わ
せダシも当然味わえるはずだけど?

3rd STEP ハイブリッド方式を読み解け!

少し復習しましょう. 行列の基本変形

$$\begin{pmatrix} 1 & 1 & 10 \\ 2 & 4 & 26 \end{pmatrix} \xrightarrow{R_2 - 2R_1} \begin{pmatrix} 1 & 1 & 10 \\ 0 & 2 & 6 \end{pmatrix}$$ (1.10)

に対応する連立1次方程式の同値変形は次のようなものです(テーマ1.1参照).

$$\begin{cases} x+y = 10 \\ 2x+4y = 26 \end{cases} \iff \begin{cases} x+y = 10 \\ 2y = 6 \end{cases}$$

ここで, x, y の代わりに文字 a, b を使えば

$$\begin{cases} a+b = 10 \\ 2a+4b = 26 \end{cases} \iff \begin{cases} a+b = 10 \\ 2b = 6 \end{cases}$$

となります.

さて，例1.7で用いた基本変形

$$\begin{pmatrix} 1 & 0 & 24 \\ 0 & 1 & 60 \end{pmatrix} \xrightarrow{R_2 - 2R_1} \begin{pmatrix} 1 & 0 & 24 \\ -2 & 1 & 12 \end{pmatrix} \xrightarrow{R_1 - 2R_2} \begin{pmatrix} 5 & -2 & 0 \\ -2 & 1 & 12 \end{pmatrix}$$

に対応する同値変形を文字 a, b を用いて書きましょう.

$$\begin{cases} a = 24 \\ b = 60 \end{cases} \iff \begin{cases} a \quad = 24 \\ -2a+b = 12 \end{cases} \iff \begin{cases} 5a-2b = 0 \\ -2a+b = 12 \end{cases}$$

このような式を「方程式」とよぶことには抵抗があるかもしれませんので，これらを「a, b に関する条件式」と考えましょう. このとき

$$\begin{cases} a = 24 \\ b = 60 \end{cases} \iff \begin{cases} 5a-2b = 0 \\ -2a+b = 12 \end{cases}$$

という同値変形に着目すれば

$$\text{「}a = 24, \; b = 60\text{」} \iff \text{「}5a-2b = 0, \; -2a+b = 12\text{」}$$

が成り立つことがわかります. 特に

$$\text{「}a = 24, b = 60\text{」} \quad \text{ならば} \quad -2a+b = 12$$

であるので，「$-2a+b = 12$」に $a = 24$，$b = 60$ を代入した式

$$(-2)\times 24 + 60 = 12$$

が成り立つわけです. これを次のように書き直してみましょう.

$$24 \times (-2) + 60 \times 1 = 12$$

この式は，「$x = -2$，$y = 1$ が基本方程式

$$24x + 60y = 12$$

の解である」ということを意味します！

これがハイブリッド方式によって基本方程式の特別解が得られる理由です.

秘密は,まさしく「行列の基本変形」と「ユークリッドの互除法」の「合わせダシ」にありました

Wine bar story **Take a Break**

🗣 : ……基本方程式の特別解の求め方はわかりました. でも,基本方程式でない1次不定方程式はどうするんですか?

🗣 : 基本のソースは万能調味料なのよ. こうして,ネギ塩だれを焼き豚にからめると……う〜ん! おいしい〜!!

4th STEP　方程式(1.4)の整数解をとりあえず1組

今度は,1次不定方程式(1.4)

$$62x + 82y = 3000$$

の整数解を1組見つけましょう.

すでに,基本方程式(1.5)

$$62x + 82y = 2$$

の特別解

$$x = 4, \quad y = -3$$

が見つかっています. この2つの方程式を比べると,方程式(1.4)の右辺は方程式(1.5)の右辺の1500倍になっています. したがって,方程式(1.5)の解を1500倍すれば,方程式(1.4)の整数解となります. つまり

$$x = 6000, \quad y = -4500 \tag{1.11}$$

は，方程式 (1.4) の整数解です．

　もちろん，整数解はこれですべてではありません．ほかにも整数解があります が，方程式 (1.4) のすべての整数解を求めることは，次のテーマで！

（ まとめ ）‥‥‥‥‥‥‥‥‥‥‥‥‥‥‥‥‥‥‥‥‥‥‥‥‥‥‥‥‥‥

行列の基本変形とユークリッドの互除法を組み合わせたハイブリッド方 式を用いて，基本方程式の特別解を求めました．それを利用して，1次 不定方程式 (1.4) の整数解を1組見つけました．ただし，すべての整数 解が求められたわけではありません．

結局，切手は
何枚買ったのか？
── すべての整数解の決定

Wine bar story 🍷 **Lead Sentences**

ビールの度数問答

- ：おや，先生，今日はビールですか．……ところで，何をさっきから悩んでるんです？

- ：アルコール度7.5％のビールを3杯にしようか，それとも，度数を落として，5％のビールをたくさん飲もうか……．7.5％のほうを1杯だけにして，5％のほうを3杯という手もあるわね

- ：そうですね．7.5％のビール2杯をやめれば5％のビールが3杯飲めますよね

- ：合格！ それがわかれば，今日の話は100％理解できるわね！

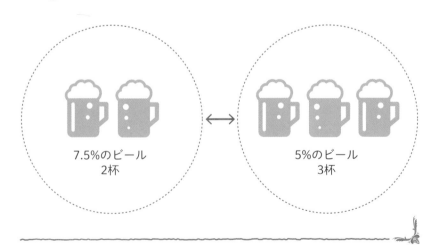

比の考え方で答えを予想する

テーマ1.3では，1次不定方程式 (1.4)

$$62x + 82y = 3000$$

の特別な整数解

$$x = 6000, \quad y = -4500$$

を得ました．ほかにどのような整数解があるでしょうか？

　ここで，比の考え方を使ってみましょう．

$$62 : 82 = 31 : 41$$

です．このことから，62円切手を41枚減らすと，その分のお金で82円切手が31枚買えることがわかります．つまり，xを41減らし，yを31増やしても，やはり方程式 (1.4) の整数解となるはずです．あるいは，xを41増やし，yを31減らしてもかまいません．一般に，整数nに対して

$$x = 6000 - 41n, \quad y = -4500 + 31n$$

は方程式 (1.4) の整数解です．

　これですべての整数解が求まったと予想されますが，本当でしょうか？もう少しきちんと考えてみることにしましょう．

一般解と特別解の差を考える

$$x = 6000, \quad y = -4500$$

は方程式 (1.4) の特別解ですから

$$62 \times 6000 + 82 \times (-4500) = 3000 \tag{1.12}$$

が成り立ちます.

　ここで，一般解と特別解の差を考えてみることにしましょう.

　一般解を x, y とすると，x, y は式 (1.4)

$$62x + 82y = 3000$$

を満たします. そこで，式 (1.4) から式 (1.12) を辺々引いてみましょう.

$$
\begin{array}{r}
62x + 82y = 3000 \\
-)\,62 \times 6000 + 82 \times (-4500) = 3000 \\
\hline
\boxed{\qquad ?? \qquad}
\end{array}
$$

　このとき，右辺は0になります. また，左辺は

くわしい計算は省略します　$62(x - 6000) + 82(y + 4500)$

となります. したがって

$$62(x - 6000) + 82(y + 4500) = 0$$

という式が得られます. ここで

$$X = x - 6000, \quad Y = y + 4500$$

とおきましょう. X, Y は一般解と特別解の差を表します. すると

$$62X + 82Y = 0 \tag{1.13}$$

となります. この式を満たす整数 X, Y をすべて求めましょう.

　まず，式 (1.13) より

$$82Y = -62X$$

が導かれます. 82と62の最大公約数は2です. 上の式の両辺をこの最大公

約数2で割ると

$$41Y = -31X \tag{1.14}$$

という式が得られます．このとき，41と31の最大公約数は1です．このようなとき，41と31は互いに素である，といいます．

さて，ここで，式(1.14)の右辺の$-31X$は31の倍数です．したがって，左辺の$41Y$も31の倍数です．ところが，41と31は互いに素ですから，Yそのものが31の倍数でなければなりません．

> このことは直観的に理解していただければ結構ですが，理由をきちんと知りたい人は，Chapter 5の定理5.3の証明を参考に，自分で考えてみてください

こうして，Yが

$$Y = 31n \quad (n\text{は整数}) \tag{1.15}$$

という形に表されることがわかりました．そこで，式(1.15)を式(1.14)に代入すると

> nは0でも負の整数でもかまいません

$$41 \times 31n = -31X$$

となるので

$$X = -41n$$

が得られます．以上のことから式(1.13)

$$62X + 82Y = 0$$

を満たす整数X, Yはすべて

$$X = -41n, \quad Y = 31n \quad (n\text{は整数})$$

という形であることがわかりました．

3rd STEP 結局，切手は何枚買ったのか？

いままでの話の流れをざっとおさらいしておきましょう．
次の問題を解こうとしていました．

問題 1.1

62円切手と82円切手を組み合わせて何枚か買ったら，代金がちょうど3000円になりました．62円切手と82円切手は，それぞれ何枚買いましたか？

62円切手を x 枚，82円切手を y 枚買ったとして

$$62x + 82y = 3000 \quad \text{式 (1.4) です}$$

という方程式を立てました．そこで

$$X = x - 6000, \quad Y = y + 4500$$

とおくと

$$62X + 82Y = 0 \quad \text{式 (1.13) です}$$

が成り立ち，さらに，この式を満たす整数 X, Y は

$$X = -41n, \quad Y = 31n \quad (n \text{ は整数})$$

と表されることがわかりました．ここで

$$x = 6000 + X, \quad y = -4500 + Y$$

であることに注意すれば，方程式「$62x + 82y = 3000$」の整数解は

$$x = 6000 - 41n, \quad y = -4500 + 31n$$

と表されることがわかります．

　さて，それでは，結局，切手は何枚ずつ買ったのでしょうか？

　x, y はどちらも切手の枚数ですから，0以上の整数でなければなりません．

　$x = 6000 - 41n \geq 0$ より

$$n \leq \frac{6000}{41} = 146.34\dots$$

が成り立ちます．また，$y = -4500 + 31n \geq 0$ より

$$n \geq \frac{4500}{31} = 145.16\dots$$

となります．結局

$$n = 146$$

であることがわかりました．したがって

$$x = 6000 - 41 \times 146 = 14, \quad y = 31 \times 146 - 4500 = 26$$

が導かれました．

　こうして，問題1.1が完全に解決しました．答えは「62円切手を14枚，82円切手を26枚」です．

Wine bar story Take a Break

:やりましたね！ 解けましたよ！

:……だけど，切手の値段のデータが古いわね．いままでの総復習をかねて，次の問題を解いてくれる？

私は次のような問題を出した．

問題 1.3

63円切手と84円切手を組み合わせて何枚か買い，3000円出したら，おつりが900円きました．63円切手と84円切手は，それぞれ何枚買いましたか？ 考えられる場合をすべてあげなさい．ただし，どちらか一方の切手だけを買った場合も含めます．

:これが解けたら合格！

:合格のご褒美は何ですか？

:あとのお楽しみ！

4th STEP　類題を解いて Chapter 1 の総復習

問題1.3を解きましょう．

切手の代金の総額は2100円です．63円切手をx枚，84円切手をy枚買ったとすると

$$63x + 84y = 2100 \tag{1.16}$$

という1次不定方程式が立てられます．

63 と 84 の最大公約数は 21 ですので，まず，基本方程式

$$63x + 84y = 21 \tag{1.17}$$

を考えます．ハイブリッド方式の計算

$$\begin{pmatrix} 1 & 0 & 63 \\ 0 & 1 & 84 \end{pmatrix} \xrightarrow{R_2 - R_1} \begin{pmatrix} 1 & 0 & 63 \\ -1 & 1 & 21 \end{pmatrix} \xrightarrow{R_1 - 3R_2} \begin{pmatrix} 4 & -3 & 0 \\ -1 & 1 & 21 \end{pmatrix}$$

により，方程式 (1.17) の特別な整数解として

$$x = -1, \quad y = 1$$

が得られます．これらをそれぞれ 100 倍して，方程式 (1.16) の特別解

$$x = -100, \quad y = 100$$

が得られます．したがって

$$63 \times (-100) + 84 \times 100 = 2100 \tag{1.18}$$

が成り立ちます．

式 (1.16) から式 (1.18) を辺々引くと

$$63(x + 100) + 84(y - 100) = 0$$

となります．そこで

$$X = x + 100, \quad Y = y - 100$$

とおくと，X, Y は

$$84Y = -63X$$

を満たします．84 と 63 の最大公約数は 21 ですので，この式の両辺を 21 で割ると

$$4Y = -3X \tag{1.19}$$

が得られます．このことより

$$X = -4n, \quad Y = 3n \quad (n は整数)$$

という形であることがわかります． くわしい説明は省略します

したがって，方程式 (1.16) の整数解は

$$x = -100 - 4n, \quad y = 100 + 3n \quad (n は整数)$$

という形に表されます． n は負の数でもよいことに注意しましょう

最後に，$x = -100 - 4n \geq 0$ より

$$n \leq -\frac{100}{4} = -25$$

が得られ，$y = 100 + 3n \geq 0$ より

$$n \geq -\frac{100}{3}$$

が得られます．したがって，n は -33 以上 -25 以下の整数です．それぞれの n の値に対応する x, y の値を求めることにより，問題 1.3 に対する解答が得られます． くわしい計算は省略します

答え 63円切手の枚数を x，84円切手の枚数を y とすれば，x と y の組み合わせは次の9通りです．

$$\begin{aligned}
(x, \ y) = \ &(32, \ 1), \ (28, \ 4), \ (24, \ 7), \\
&(20, \ 10), \ (16, \ 13), \ (12, \ 16), \\
&(8, \ 19), \ (4, \ 22), \ (0, \ 25)
\end{aligned}$$

（ まとめ ）

1次不定方程式の特別な整数解を利用して，一般の整数解を導きました．こうして，問題は完全に解決しました．

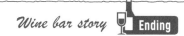

Chapter 1のしめくくりはビールで乾杯！

：合格！　ご褒美にビールをおごるわ

：本当ですか？

：ここに1500円あるから，ビールを一緒に飲みましょう．あんたは1杯600円の中ジョッキ，あたしは1杯500円の小ジョッキ．ただし，おつりが出ないように取り合わせてくれる？

：はい！　……ええと．……先生！

：何？

：……先生が3杯，ぼくは0杯……ということなんですけど……

：あら，そう？

：「あら，そう？」じゃなくて……

：しょうがないわね．じゃあ，あんたも小ジョッキにして，2杯飲みなさい．あたしは1杯でいいから

：ありがとうございます

：その代わり，その分のお金は払ってよ

：……ど，どうしてそうなるんですか？

：しょうがないでしょ，おごろうとしても，うまくいかなかったんだから…….　ま，細かいことは気にしないで，カンパーイ！

：……

Chapter 2

筆算の代数学
— 開平法のアルゴリズムを探れ！

開平法（平方根の筆算法）を紹介します．次に，割
り算の筆算を参考にして，開平法のアルゴリズム
の仕組みを考えます．

Wine bar story

Chapter 2の幕開けは，
トリュフとポムロールのワインで

トリュフ*¹を添えた牛肉をつまみにポムロール*²のワインを飲んでいると，今日もサンチョがやってきた．

○ ：先生，ぼくの甥がね，「2乗したら2になる数は何？」と聞くんです．もちろん，「$\sqrt{2}$（ルート2）だよ」と答えました．そしたら「ルート2って何？」って聞くもんだから，「2乗したら2になる数のことだよ」と答えたら，「おじさん，バカなの？」「バカとは何だ，バカとは！」「だって，それじゃあ全然答えになっていないじゃないか．……具体的にはいくつなのよ？」．それで

1.41421356（ひとよひとよにひとみごろ）

と答えたら，「どうやって計算するの？」……

○ ：要するに，平方根を計算する方法を知りたいのね．トリュフを探す犬や豚の気分になって

○ ：トリュフ？……犬？……豚？

※ 1　世界三大珍味の1つ．芳醇な香りを持つキノコの一種ですが，地中に埋もれているため，犬や豚の嗅覚に頼って探し出すといいます．

※ 2　フランスのボルドーの中の比較的小さな地区，および，そこで産出される赤ワイン．熟成したポムロールのワインはトリュフとの相性がよいようです．

：$\sqrt{2}$ は $x^2=2$ という方程式の根だから「平方根」とよばれるの
よね．「ルート」は，植物の「根っこ」．古代バビロニアの
人々は，方程式を「木」に見立て，その解は「根」だと考えた
のよ．だから，方程式の解のことを「根」というわけ．方程
式は目に見えるんだけど，根は地中にあって，見えない．そ
れを探すのが「方程式を解く」ことだと考えたのね．だから，
平方根を求めることは，地中のトリュフを犬や豚が探すのと
同じで，ちょっとした「嗅覚」が必要なのよ

方程式

根

求めて得たいと 四苦八苦※
—— 開平法完全マスター

1st STEP　平方根

a を0以上の実数とします. 実数 x が

$$x^2 = a$$

を満たすとき, x は a の**平方根**であるといいます. たとえば

$$3^2 = 3 \times 3 = 9$$

が成り立つので, 3は9の平方根です.

一般に, a の平方根のうち, 0以上のものを $\sqrt{a}$ と表し, 「**ルート** a」と読みます. たとえば

> -3 も9の平方根です. 実際, $(-3)^2 = 9$ です

$$\sqrt{9} = 3, \quad \sqrt{4} = 2, \quad \sqrt{1} = 1$$

です. また, $\sqrt{2}$ は次のような無限小数(限りなく続く小数)です.

$$\sqrt{2} = 1.41421356...$$

これは, 「一夜一夜に人見頃」という語呂合わせで覚えられます.

※　仏教の教えにある八つの苦しみの中に「求不得苦」(求めて得られない苦しみ)というものがあります. 犬や豚のようには鼻が利かない人間の苦しみでしょうか. 開平法はちょっと複雑ですが, がんばってマスターしてください!

$$1\,.\,4\ 1\ 4\ 2\ 1\ 3\ 5\ 6\cdots$$

ひと　　よ ひと よ　に ひと み　ご ろ

また，$\sqrt{3}$, $\sqrt{5}$ は次のような数です．

$$\sqrt{3} = 1.7320508\ldots \quad \text{（人並みにおごれや）}$$

$$\sqrt{5} = 2.2360679\ldots \quad \text{（富士山麓オウム鳴く）}$$

それでは，どのようにしたらこれらの平方根を求めることができるのでしょうか？ たとえば，$\sqrt{2}$ について考えてみると

$$1^2 = 1 < 2 < 2^2 = 4$$

が成り立つので

$$1 < \sqrt{2} < 2$$

であることがわかります．さらに

$$1.1^2 = 1.21, \quad 1.2^2 = 1.44, \quad 1.3^2 = 1.69,$$
$$1.4^2 = 1.96, \quad 1.5^2 = 2.25, \quad 1.6^2 = 2.56, \ldots$$

という計算から

$$1.4 < \sqrt{2} < 1.5$$

であることがわかります．このように考えれば $\sqrt{2}$ の近似値が求められそうですが，手間がかかりすぎますね．

ブロック2つでゴージャスに ── 開平法の手順

実は，筆算によって平方根を求める方法があります．それは**開平法**とよばれます．開平法の手順を紹介しましょう．

例 2.1

開平法によって $\sqrt{10}$ を計算する手順を説明します．

---

1 $3^2 \leq 10 < 4^2$ ですので，一の位に3が立ちます．まず，次のように書きます．割り算と似ていますが，違うところは，<u>左右2つのブロックの計算が連動する</u>ところです．

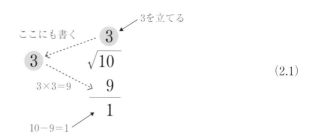

$$(2.1)$$

- 10の上に「3」を立てたら，左ブロックに「3」を書き込みます．
- 立てた3と左の3をかけたもの $(3 \times 3 = 9)$ を10の下に書き，10からその 9を引きます．

2 次に，小数第1位の数字を立てる前の準備をします．新たに書き加える部分を色で示します．

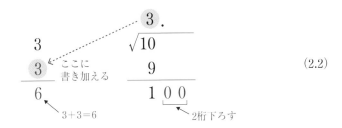

(2.2)

- 割り算とは違い，次の位を計算するために，右ブロックにおいて，2桁分下ろします．いまの場合，「00」と下ろしてきて，右下の部分は「100」となりました．
- 左のブロックに「3」がありますが，その下にもう1つ「3」を書き，上下の3を足し合わせて「6」とします．

3 次に小数第1位を決めます．理由は後回しにしますが，「嗅覚」をはたらかせて，「1」を立てます． 5 を参照

- その「1」を左ブロックの「6」の隣に書き，「61」とします．
- 61×1 は61です．これを右のブロックの「100」の下に書き，$100 - 61$ を計算します．

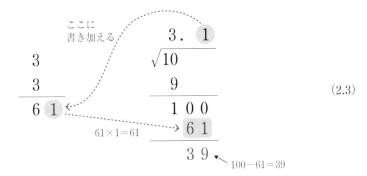

(2.3)

4 小数第2位の数字を立てるための準備をします．

● 右のブロックにおいて，さらに2桁分下ろします．
● 小数第1位の数字「1」を左ブロックの「61」の下に書き，上下を足し合わせて「62」とします．

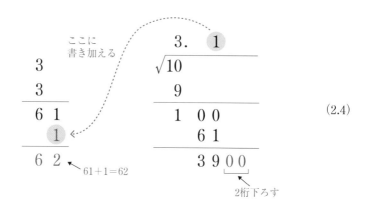

(2.4)

5 次に小数第2位の数字を決めます．その数字を○で表すことにしましょう．

● 3桁の数「6 2 ○」を○倍したものが3900以下になるような○のうち，かけた結果が最も3900に近くなるものは何かを考えましょう．
● 3900を「6 2 ○」で割ると，6が立ちそうですね．そこで，ここは「6」を立てます．
● 新たに立てた「6」を左の「6 2」の隣に書き，「6 2 6」とします．
● 次の筆算に相当する計算をします．

$$
\begin{array}{r}
6\ 2\ 6 \\
\times\qquad 6 \\
\hline
3\ 7\ 5\ 6
\end{array}
$$

ただし，「626」は左ブロックの下のほうにあり，「6」は右ブロックの上の

ほうにあります．遠く離れた2つの数をかけ合わせ，得られた「3756」を右ブロックの「3900」の下に書いて，引き算をします．

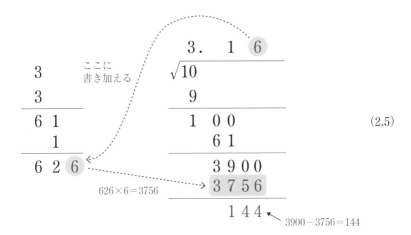

(2.5)

6 小数第3位の数字を立てるための準備をします．

● 右のブロックにおいて，さらに2桁分下ろします．

● 小数第2位の数字「6」を立てましたが，それを左のブロックの「626」の下に書き，上下を足し合わせて「632」とします．

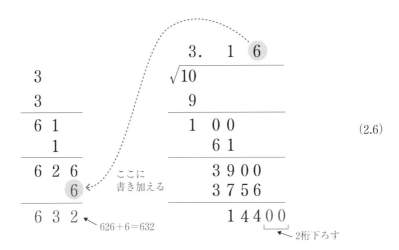

(2.6)

ここまでの計算によって

$$\sqrt{10} = 3.16...$$

であることがわかります.

このあとも同様に続けることができます. 実際には

$$\sqrt{10} = 3.1622...$$

と続いていくのですが, このへんでやめておきましょう.

Wine bar story 🍷 **Take a Break**

🔘：ふう～. ちょっと一服しましょう. ……わあ, 先生. きな粉をまぶしたお餅ですか. おいしそうだなあ. ワインは何です？

🔘：ムルソー※の白よ

🔘：開平法では, 2種類の手順を交互に行うのですね. [1], [3], [5] では数字を立て, 手順 [2], [4], [6] では次の準備

🔘：餅つきだって, 杵でついたあと, 別の人が手で形を整えるわよね. あたしたちが歩くときだって, 右足の次は左足を出さないと, その次の右足が出せなくなる

🔘：それにしても, 計算方法に慣れるのに時間がかかりそうですね

🔘：そうね. まだ説明していないこともあるので, それも含めて, もう少し具体例にあたってみましょう

───────────────────

※　　フランスのブルゴーニュにある村, および, そこで産出されるワイン. 特に白ワインが有名で, フェノール化合物に由来する黄色味を帯びた色調が特徴的です.

3rd STEP 開平法完全マスター

開平法を完全に習得するために，例をもう1つ述べます.

例 2.2

開平法を用いて，$\sqrt{430}$ を計算しましょう.

少し準備が必要ですので，0 からはじめます.

0 2桁分が1つのまとまりになるように区切ります.

$$4 \mid 30$$

1

● 「2」を右ブロックに立て，その「2」を左ブロックにも書きます.

● $2 \times 2 = 4$ を右ブロックの先頭の「4」の下に書き，引き算をしますが，$4 - 4 = 0$ ですので，「0」は書かないでおきます.

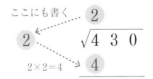

2

● 右ブロックの次の2桁，つまり，「30」を下ろします.

● 左ブロックの「2」の下に「2」を書いて，足し算します.

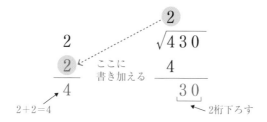

3 次に何が立つかを考えましょう.

$$4○×○ ≤ 30$$

　上の○に入る数字は0しかありません. ですから, 一の位の数字は0です. このような場合は, 右ブロックの「2」の隣と左ブロックの「4」の隣に「0」を書くだけです.

> だって, ○＝1だとしても, 41×1は30より大きくなってしまいますよね

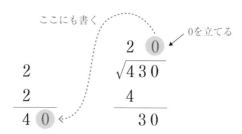

4 小数第1位の数字を立てるための準備は, この場合, 右のブロックの次の2桁「00」を下ろすだけです.

```
        2  0.
      √ 4 3 0.
   2    4
   2
  ────   ────────
  4 0    3 0 0 0
            └─ 2桁下ろす
```

5 次に「7」が立ちます．そして

$$407 \times 7 = 2849, \quad 3000 - 2849 = 151$$

という式に相当する計算を左右のブロックに書き込みます．

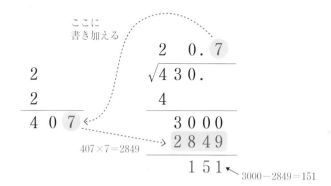

6 次の桁の数字を立てるための準備を整えます．

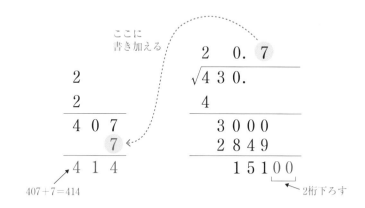

こうして

$$\sqrt{430} = 20.7...$$

であることがわかります．

Wine bar story

- ：練習すれば，開平法はマスターできそうです．でも，どうして これで平方根が求められるのか，まったくわかりません
- ：こういうときは，まずは細部にこだわらず，全体を観察する のよ．まあ，コーヒーでも飲みながら，リラックスして，い ままでの計算を眺めてみましょう

4th STEP リラックスして開平法を眺める

例2.1をもう1度見てみましょう．

いま，$a = 10, b = 3$とすると，$\boxed{1}$の形は，次のように表されます．

$$
b \qquad
\begin{array}{r}
b \\
\sqrt{a} \\
\hline
b^2 \\
\hline
a - b^2
\end{array}
$$

また，$\boxed{2}$の形は，途中の行を省略すると，次 のように表されます．これを計算式(2.7)とよぶ ことにしましょう．

$6 = 3 + 3 = 2b$であること に注意しましょう

$$
\begin{array}{r}
b \\
\sqrt{a} \\
\vdots \qquad \vdots \\
2b \qquad a - b^2
\end{array}
\tag{2.7}
$$

次に，4，6を観察します．

4の形を途中経過を省略して書いてみましょう．ただし，位取りをはっきりさせるために，小数点などを書き足し，右ブロックの最後の「0 0」は消しました．

$$
\begin{array}{c}
3.\ 1 \\
\sqrt{10.} \\
\end{array}
$$

$$
\vdots \qquad \vdots \quad \vdots
$$

$$
6.2 \qquad\qquad 0.39
$$

実は，これもまた，前述の計算式 (2.7) の形になっています．実際

$$a = 10, \quad b = 3.1$$

とおくと，$3.1^2 = 9.61$ ですので

$$2b = 6.2, \quad a - b^2 = 10 - 9.61 = 0.39$$

です．

6の形はどうでしょうか？ これも途中を省略して書くと，次のようになります．

$$
\begin{array}{c}
3.\ 1\ 6 \\
\sqrt{10} \\
\end{array}
$$

$$
\vdots \qquad \vdots \quad \vdots
$$

$$
6.32 \qquad\qquad 0.0144
$$

この場合も，$a = 10, b = 3.16$ とおけば

$$2b = 6.32, \quad a - b^2 = 10 - 9.9856 = 0.0144$$

となっています．

やはり，計算式 (2.7) の形になっていますね．これが，開平法のメカニズムを解明するためのカギとなります．

（ まとめ ）

開平法によって平方根を求める方法を説明し，その様子を少し観察しました．

テーマ 2.2

割り算は，かけ算だ!

—— 割り算のメカニズム

Wine bar story **Lead Sentences**

食前酒はキール・ロワイヤル

🗣：先生，今日は何を飲んでいるんです？

🗣：キール・ロワイヤル．カシスリキュールをスパークリングワインで割ったカクテルよ

🗣：ははあ……．今回のテーマは「割り算」ですね

🗣：スパークリングワインで「割った」から「割り算」という見方もできるけど，リキュールとスパークリングワインを「かけ合わせた」から「かけ算」であるともいえるわね

1st STEP 割り算 vs かけ算

開平法の考察の前に，割り算とかけ算の筆算の仕組みを調べます．

次の2つの筆算を見比べてみてください．

$$
\begin{array}{r}
3\,2 \\
3\,1\,\overline{)\,1\,0\,0\,0} \\
9\,3 \quad \cdots\cdots❶ \\
\hline
7\,0 \\
6\,2 \quad \cdots\cdots❷ \\
\hline
8
\end{array}
$$

(2.8)

$$
\begin{array}{r}
3\ 1 \\
\times\quad 3\ 2 \\
\hline
6\ 2 \quad\cdots\cdots\ ❷ \\
9\ 3 \quad\cdots\cdots\ ❶ \\
\hline
9\ 9\ 2
\end{array}
$$

(2.9)

計算式 (2.8) は，次の割り算をしています．

$$1000 \div 31 = 32 \quad 余り\ 8$$

このことから

$$31 \times 32 = 1000 - 8$$

が成り立つことがわかります．

一方，計算式 (2.9) は，次のかけ算をしています．

$$31 \times 32 = 992$$

2つの計算式は，かなり似ています．特に，❶，❷の部分はまったく同じ計算ですね！ 実は，割り算とかけ算の筆算法のメカニズムはほとんど同じなのです．どのようなメカニズムなのか，これから考えましょう．

2nd STEP　スパイスは「分配法則」── かけ算のメカニズム

⊟ 分配法則

次のような式を分配法則といいます．

$$a(b+c) = ab + ac \tag{2.10}$$

$$(a+b)c = ac + bc \tag{2.11}$$

このことは，次のような図を用いて説明されることが多いようです．

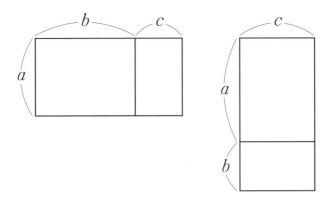

　最初に左の図を見てみましょう．左側の長方形の面積はab，右側はacですから，合計$ab+ac$ですが，これは，2つの長方形を合わせた大きな長方形の面積に等しいのですから，計算式 (2.10) が成り立つことが見てとれます．同じように，次の右の図から計算式 (2.11) が確かめられます．

⊟ かけ算は分配法則だ

　31×32の計算式 (2.9) にほんの少し変更を加えます．❶の部分に「0」を書き足すのです．

$$
\begin{array}{r}
3\ 1 \\
\times \quad 3\ 2 \\
\hline
6\ 2 \quad \cdots\cdots ❷ \\
9\ 3\ 0 \quad \cdots\cdots ❶ \\
\hline
9\ 9\ 2
\end{array}
$$

　この計算式の❷の部分は

$$31 \times 2 = 62$$

という計算結果を表しています. ❶の部分は「31×3」ではなく, 実際は

$$31 \times 30 = 930$$

という計算結果を表している, と考えられます. そして, 最後に

$$62 + 930 = 992$$

という足し算をしているのです. したがって

$$992 = 62 + 930 = 31 \times 2 + 31 \times 30$$

が成り立っていますが, ここで分配法則を用いると

$$31 \times 2 + 31 \times 30 = 31 \times (2 + 30) = 31 \times 32$$

が得られます.

　計算式 (2.9) によって

$$31 \times 32 = 992$$

という正しい結論が得られることがわかりますね.

　かけ算の筆算は, 分配法則を利用していたのです！

3rd STEP 煮詰めておいしい割り算

今度は，1000÷31の筆算について考えます．

まず，十の位に「3」が立ちました．

$$
\begin{array}{r}
3 \\
31\,)\,\overline{1000} \\
93 \\
\hline
70
\end{array}
$$

この場合も，次のように「0」を入れて考えましょう．

$$
\begin{array}{r}
30 \\
31\,)\,\overline{1000} \\
930 \\
\hline
70
\end{array}
$$

ここまでの計算は

$$31 \times 30 = 930, \quad 1000 - 930 = 70$$

ということを表しています．ここで

$$a = 1000, \quad b = 31, \quad c = 30$$

とおくと，上の計算式は

$$
\begin{array}{r}
c \\
b\,)\,\overline{a} \\
bc \\
\hline
a - bc
\end{array}
\tag{2.12}
$$

と表されます.

さて，次に一の位に「2」が立ちました．新しく書き加えた部分を色付きの数字で示します.

$$
\begin{array}{r}
3\,2 \\
31\,\overline{)\,1\,0\,0\,0} \\
9\,3\,0 \\
\hline
7\,0 \\
6\,2 \\
\hline
8
\end{array}
$$

ここで，$d=2$ とおきましょう．すると

$$32 = 30+2 = c+d, \quad 62 = 31\times2 = bd$$

となります．それでは，最後の「8」はどのように表されるでしょうか？

$$70 = 1000-930 = a-bc$$

であったことに注意すると

$$8 = 70-62 = (a-bc)-bd = a-(bc+bd)$$

となります．ここで，分配法則により

$$bc+bd = b(c+d)$$

が成り立ちますから，結局

$$8 = a-b(c+d)$$

ということがわかります.

したがって，一の位が立ったときの計算式は，次のように表されます.

$$
\begin{array}{r}
c+d \\
b\,\overline{)\,a} \\
bc \\
\overline{a-bc} \\
bd \\
\overline{a-b(c+d)}
\end{array}
\qquad (2.13)
$$

途中の計算を省略すれば，この計算式は

$$
\begin{array}{r}
c+d \\
b\,\overline{)\,a} \\
\vdots \\
\overline{a-b(c+d)}
\end{array}
$$

という形ですが，ここで，$c+d$ をあらためて c とおき直してみましょう．すると

$$
\begin{array}{r}
c \\
b\,\overline{)\,a} \\
\vdots \\
\overline{a-bc}
\end{array}
$$

となりますね．計算式 (2.12) と同じ形になりました．

割り算のメカニズムが少し見えてきましたね．

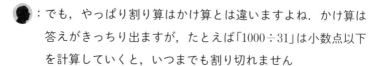

- ：でも，やっぱり割り算はかけ算とは違いますよね．かけ算は答えがきっちり出ますが，たとえば「1000÷31」は小数点以下を計算していくと，いつまでも割り切れません
- ：いいところに気づいたわね．そういう意味では，割り算は「煮込み料理」に近いのよ．煮れば煮るほどおいしくなる……

もっと煮詰めて，ますますおいしい割り算

⊟ 商の近似値の変化

1000÷31の筆算の考察を続けましょう．一の位が立って

$$
\begin{array}{r}
32 \\
31\overline{\smash{)}1000} \\
\vdots \\
\hline
8
\end{array}
$$

という状況になっていましたが，もう少し続けてみましょう（位取りをはっきりさせるために，小数点を打ってあります）．

$$
\begin{array}{r}
32.2 \\
31\overline{\smash{)}1000.} \\
\vdots \\
\hline
8.0 \\
6.2 \\
\hline
1.8
\end{array}
$$

この計算式は

$$1000 - 31 \times 32.2 = 1.8$$

が成り立つことを示しています．これは実質的に

$$31 \times 32.2 = 998.2$$

というかけ算をしている，と考えることもできます．

さらに，小数第2位には「5」が立ちます．

$$
\begin{array}{r}
32.25 \\
31\overline{)1000.} \\
\vdots \\
\hline
1.80 \\
1.55 \\
\hline
0.25
\end{array}
$$

このことより

$$1000 - 31 \times 32.25 = 0.25, \quad 31 \times 32.25 = 999.75$$

ということがわかります．

以上の計算式は，すべて

$$
\begin{array}{r}
c \\
b\overline{)a} \\
\vdots \\
\hline
a - bc
\end{array}
$$

という形になっています．

ここで，$a = 1000$, $b = 31$ です．この a, b は計算の過程を通じて変わりません．一方，割り算の結果を「商」といいますが，c は商の近似値であると考えられます．計算を進めるにしたがって，c は変化します．最初に十の位に

「3」を立てた時点では，$c = 30$ であり

$$bc = 31 \times 30 = 930, \quad a - bc = 1000 - 930 = 70$$

が成り立っていました．一の位を立てた時点では

$$c = 32, \quad bc = 992, \quad a - bc = 8$$

となっています．これまでの計算で，$c, bc, a - bc$ がどのように変化したのかを表にしてみましょう．

c	30	32	32.2	32.25
bc	930	992	998.2	999.75
$a - bc$	70	8	1.8	0.25

　商の近似値 c は計算の過程で少しずつ増やしていくのですが，それにつれて，$a - bc$ は0に近づき，bc は $a(= 1000)$ に近づきます．そうすると，c は $a \div b$ に近づきますね！

　こうして，$a \div b$ の正確な値に好きなだけ近い値が計算できるのです．

> c をどんどん「煮詰めて」いく感じですね

⊡ 「ちょい足し」で計算を効率化

　ただし……．

　ここからが大事なところです．c を少し増やしたとき，その都度 bc を計算し直しているのでは，効率が悪すぎますね．

　ある c の値に対して，bc がすでに計算されているとしましょう．c に d が加わって，$c + d$ に変化したとき，$b(c + d)$ を計算するには，はじめから計算し直すのではなく，すでに計算されている bc に bd を加えればよいのです．実際，分配法則により，次の式が成り立ちます．

> 調味料をあとから「ちょい足し」して味を整える作業に似ていますね

$$bc + bd = b(c + d)$$

　直前の計算結果をうまく利用するために，分配法則を用いた，というわけです．計算式(2.13)をもう1度書いておきますので，よく眺めて味わってみてください．

> 味を整えつつ煮詰めていく，というイメージです

$$\begin{array}{r}
c+d \\
b \overline{\smash{\big)}\ a} \\
bc \\
\hline
a-bc \\
bd \\
\hline
a-b(c+d)
\end{array}$$

（ まとめ ）‥‥‥‥‥‥‥‥‥‥‥‥‥‥‥‥‥‥‥‥‥‥‥‥‥‥‥‥‥‥

　かけ算と割り算の筆算のメカニズムを考察しました．分配法則というスパイスが味の決め手でした．

テーマ 2.3 開平法のテイスティング
── アルゴリズムの解明

Wine bar story **Lead Sentences**

　サンチョが店の奥のビリヤード台のわきに立っているのが見えたので，私は飲みかけのウィスキーのグラスを持ってサンチョのそばに行き，台をのぞきこんだ．

　:難しそうな球の配置ね

　:はい．直接狙うことができないので，ワンクッション[※1]入れます．そのあとの球の配置も計算しなくちゃいけないし[※2]……

1st STEP 開平法は割り算の香り

　割り算の筆算はじっくり味わえたと思いますが，実は，開平法の仕組みは，割り算とよく似ています．両者は共通の香りを持っているのです．さあ，割り算の味わいを手がかりにして，開平法のテイスティングをはじめましょう．

　テーマ2.1の計算式(2.7)をもう1度見てみましょう．

※1　球をクッション（壁）に1回当ててから目標の場所を狙うこと．
※2　ショットの後の球の配置がなるべくやさしい形になるようにしたいのです．

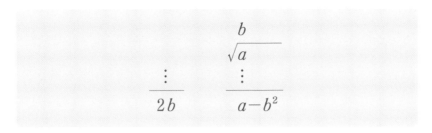

テーマ2.2で考えた割り算の計算式 (2.12) とよく似ていますね．bは$\sqrt{a}$ の近似値です．$a-b^2$を0に近づけていくと，b^2はaに近づきます．このとき，bは$\sqrt{a}$ に近づくわけです．

ただし……．

bの値を修正したとき，その都度b^2を計算し直しているのでは，効率が悪すぎます．

あるbの値に対して，b^2がすでに計算されているとしましょう．bにcが加わって$b+c$になったとき，すでに計算されているデータをうまく利用して$(b+c)^2$を計算する仕組みがほしいところです．

結論からいうと，開平法には，その仕組みが備わっているのです．

2nd STEP　$(b+c)^2$を開く —— 式の展開

$(b+c)^2$を展開しましょう．つまり，カッコを開くのです.

> 式を「展開する」という
> のは，魚に包丁を入れて
> 「開く」イメージですね

まず，分配法則により

$$(b+c)^2 = (b+c)(b+c) = b(b+c)+c(b+c)$$

が成り立ちます．さらに分配法則により

$$b(b+c) = b^2+bc, \quad c(b+c) = bc+c^2$$

が成り立つので，結局

$$(b+c)^2 = (b^2+bc)+(bc+c^2) = b^2+2bc+c^2$$

となります．こうして，次の公式が得られまし
た．

> 展開した結果，項が3つ
> 出てきました．魚の三枚
> おろしみたいですね

公式 2.1

$$(b+c)^2 = b^2+2bc+c^2$$

したがって，b^2に$2bc+c^2$を加えれば$(b+c)^2$が得られるわけですが，ここ
でさらに

$$2bc+c^2 = (2b+c)c$$

であることに注意すると，次の等式が得られます．

$$b^2+(2b+c)c = (b+c)^2 \tag{2.14}$$

実はこの式(2.14)こそ，開平法の謎を解くカギなのです．

Wine bar story 🍷 **Take a Break**

🧑 ：先生，それはウィスキーですか？

🧑 ：スコットランドのアイラ・モルト[1]．塩炒り麦芽をつまみな

　　がら，強烈なピート[2]の香りを味わう．……これ，癖になる

　　のよね

🧑 ：ストレートで飲んでいるんですか？

---

[1] スコットランドのアイラ島で作られるシングルモルトウィスキー．強烈な個性を持つものが
　　多く，熱狂的なファンがたくさんいます．

[2] 泥炭のこと．これを燃やして乾燥させた麦芽を用いるので，ウィスキーに燻煙の香りがつき
　　ます．これをピート香といいます．

：チェイサー※3 と一緒に交互にね．ひとロウィスキーを味わっ
ては水を飲み，またウィスキーをひと口……

ワンクッションをねらえ！ —— 奇数回目の手順

テーマ2.1の例2.1では $\sqrt{10}$ を計算しました．
2 を終えたときの状態は

$$
\begin{array}{r}
3 \\
3 \\
\hline
6
\end{array}
\qquad
\begin{array}{r}
3. \\
\sqrt{10} \\
9 \\
\hline
1
\end{array}
$$

となっていました．$a = 10, b = 3$ とすれば，この計算式は

$$
\begin{array}{r}
b \\
b \\
\hline
2b
\end{array}
\qquad
\begin{array}{r}
b \\
\sqrt{a} \\
b^2 \\
\hline
a - b^2
\end{array}
\tag{2.15}
$$

という形ですね．

　このとき，左のブロックの「$2b$」に注目しましょう．実は，この「$2b$」が
「**クッション**」の役割を果たすのです．というのも，$2b$ に c を加え，そのあと
c をかければ

$$
(2b + c)c
$$

※3　強い酒を飲むときに，続けて飲む水などのことです．

が得られるからです．そして，実際，その通りに筆算は進行します．

3 の状態を見ましょう．小数点などを加えて，位取りをはっきりさせています．

$$
\begin{array}{r}
3 \\
3 \\
\hline
6.1
\end{array}
\qquad
\begin{array}{r}
3.\quad1 \\
\sqrt{10} \\
9 \\
\hline
1.00 \\
0.61 \\
\hline
0.39
\end{array}
$$

先程，$a=10$，$b=3$としましたが，さらに，$c=0.1$とします．このとき，$\sqrt{10}$の近似値は

$$b+c=3.1$$

に修正されています．

左のブロックの下に「6.1」がありますが

$$6.1=2b+c$$

です．また，右のブロックに「0.61」がありますが

$$0.61=6.1\times0.1=(2b+c)c$$

です．

$$1=10-3^2=a-b^2$$

であったことに注意すれば

$$0.39=1-0.61=(a-b^2)-(2b+c)c=a-\{b^2+(2b+c)c\}$$

が成り立つことがわかります．

ここで，式 (2.14) を思い出しましょう．

$$b^2 + (2b+c)c = (b+c)^2$$

が成り立っていました．したがって

$$0.39 = a - (b+c)^2$$

となっているです．

結局，$\boxed{3}$ の計算は，次のようにまとめられます．

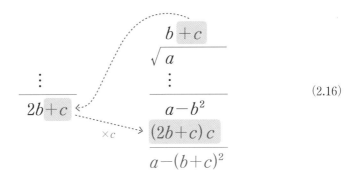

$$(2.16)$$

左ブロックにワンクッションさせることによって，$a - (b+c)^2$ を計算する仕組みができていますね．

Wine bar story **Take a Break**

- ：まさしくビリヤードの技みたいですね
- ：そう．でも，それだけじゃダメよ．次のショットのことも考えないとね．……餅つきでいえば，杵で餅をついたあと，次に備えて形を整える作業が必要なのよ．つまり，ウィスキーの次のチェイサー．右足の次の左足……

4th STEP　持続可能な計算を目指して ── 偶数回目の手順

今までのことを振り返ってみましょう.

基本の形は，次の計算式 (2.15) でした.

$$
\begin{array}{r}
b \\
b \\
\hline
2b
\end{array}
\qquad
\begin{array}{r}
b \\
\sqrt{\,a\,} \\
b^2 \\
\hline
a-b^2
\end{array}
$$

次に，計算式 (2.16) に移行しました．少し省略した形でもう1度書きましょう.

$$
\begin{array}{r}
\vdots \\
\hline
2b+c
\end{array}
\qquad
\begin{array}{r}
b+c \\
\sqrt{\,a\,} \\
\vdots \\
\hline
a-(b+c)^2
\end{array}
$$

しかし，ここで $b+c$ をあらためて b とおき直しても，計算式 (2.15) の形にならないので，次の計算が続きません．そこで，計算を「持続可能」にするために，形を整える作業が必要となります.

テーマ 2.1 の例 2.1 の $\boxed{4}$ を見てみましょう.

> 右ブロックに下ろした「0 0」
> は省いてあります

$$
\begin{array}{cc}
& 3.\ \ 1 \\
& \sqrt{10\ \ \ \ } \\
3 & \quad 9 \\
\hline
6.1 & \quad 1.00 \\
0.1 & \quad 0.61 \\
\hline
6.2 & \quad 0.39
\end{array}
$$

左ブロックの6.1に0.1を加えて6.2としていますね.

$$a = 10, \quad b = 3, \quad c = 0.1$$

とおいたとき

$$6.1 = 2b + c$$

でしたから

$$6.2 = 6.1 + 0.1 = (2b + c) + c = 2(b + c)$$

となっています.

したがって,この形は次のように表すことができます.

$$
\begin{array}{cc}
& b + c \\
& \sqrt{a\ \ \ } \\
\vdots & \quad \vdots \\
\hline
2b + c & \quad \vdots \\
+c & \quad \vdots \\
\hline
2(b + c) & \quad a - (b + c)^2
\end{array}
\tag{2.17}
$$

さて,ここで $b + c$ をあらためて b とおき直すと

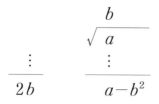

という基本の形に戻り、次の計算がはじめられる状態になっています！

このようにして，奇数回目と偶数回目の手順を交互にくり返しながら，計算が進行していくのです．

これが開平法のメカニズムです．

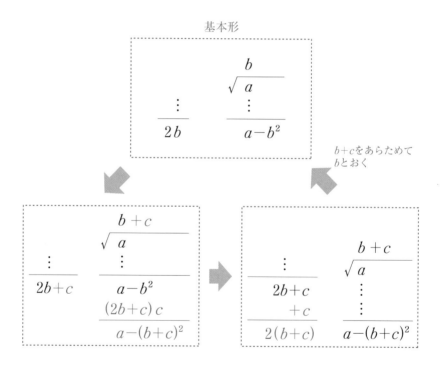

（まとめ）⋯⋯⋯⋯⋯⋯⋯⋯⋯⋯⋯⋯⋯⋯⋯⋯⋯⋯⋯⋯

開平法が上のようなチャートに沿って進んでいく，ということを述べました．

Chapter 2のしめくくりに「開け，立方根！」

説明をひと通り終えた私は，ラフロイグ※1に口をつけた．

- ：「開平法」というのは初耳でした．最初，「週刊カイヘイ」という雑誌の暴露記事かと思いました
- ：……
- ：「開いて平方根を求める」から開平法なんですよね．それなら，アジの開き方は「開アジ法」，ヒラメの開き方は魚へんをつけて「開鮃法」っていうのはどうですかね※2
- ：つまらないこと言ってると，あんたの頭を開くわよ
- ：おお，こわっ！ …ところで，立方根を求める筆算法もあるんですか？
- ：あるわよ．開立法（かいりゅうほう）というのよ
- ：開平法がワンクッションを入れた計算法だったから，今度はツークッションだったりなんかして……
- ：大当たり！ そこまで考えたなら，自分で開立法を考えてみなさいよ
- ：開け，ゴマ！ ……といっても，無理ですよね

　私は，もう1度ゆっくりとラフロイグのスモーキーなフレーバーを味わった．

- ：ウィスキーは，醸造酒をいったん気化させて作った蒸留酒…….

※1　アイラモルトの有名な銘柄．強烈なピートの香りただようスモーキーなウィスキー．
※2　ヒラメは漢字で「鮃」と書かれます．音読みには「ヘイ」と「ヒョウ」があるようです．

　　　ねえ，サンチョ．開平法の仕組みがわかったところで，そのエ
　　キスを抽出して，自分で開立法を作ってみなさいよ

　　：開け，立方根！　……てなもんですかね

Chapter 3

続・筆算の代数学
― 開立法，その先に

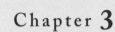

3乗根を求める筆算（開立法）や，その変化形について述べます．そして，方程式が「解ける」とはどういうことなのかを考えます．

シェリーと小籠包で再び筆算を

　　小籠包をつまみにして，シェリーのアモンティリャード※を飲んでいると，サンチョがやってきた．

：あら，久しぶり．最近，顔を見なかったわね

：開立法を自分で作ろうとがんばっていたんです．難しかったのですが，途中まではできたと思うので，聞いてください

：すばらしい！ よろこんで聞くわよ

：小籠包，おいしそうですね．ぼくも注文しようかな

※　　シェリーはスペインのヘレス周辺で作られる独特なワイン．軽めのものから重厚なものまでありますが，その中で，アモンティリャードは中間的なタイプです．紹興酒の感じに似ていなくもないので，中華料理には比較的よく合います．

テーマ 3.1 ブロック3つで 超ゴージャスに
── 開立法の設計

1st STEP 立方根（3乗根）

aを実数とします．実数xが

$$x^3 = a$$

を満たすとき，xはaの立方根（3乗根）であるといい，$\sqrt[3]{a}$ と表します．たとえば

$$2^3 = 8, \quad 10^3 = 1000$$

ですから

$$\sqrt[3]{8} = 2, \quad \sqrt[3]{1000} = 10$$

です．

2nd STEP 衣の2度づけで，b^3 を $(b+c)^3$ に

aの3乗根（立方根）を求める筆算を開立法といいます．ここでは，開立法を設計することを考えます．

開平法のポイントは

$$(b+c)^2 = b^2 + 2bc + c^2 = b^2 + (2b+c)c$$

という式でした.

そこで，今度は $(b+c)^3$ について考えましょう.

$$
\begin{aligned}
(b+c)^3 &= (b+c)(b+c)^2 \\
&= (b+c)(b^2+2bc+c^2) \\
&= b(b^2+2bc+c^2)+c(b^2+2bc+c^2) \\
&= b^3+3b^2c+3bc^2+c^3
\end{aligned}
$$

が成り立ちます. さらに

$$
b^3+3b^2c+3bc^2+c^3 = b^3+(3b^2+3bc+c^2)c
$$
$$
3b^2+3bc+c^2 = 3b^2+(3b+c)c
$$

が成り立つことに注意すれば

$$
(b+c)^3 = b^3+\{3b^2+(3b+c)c\}c \tag{3.1}
$$

が得られます. この式 (3.1) をカギにして，開立法を設計していきます.

> 大事な式ですので，落ち着いてじっくり眺めてください

式 (3.1) を用いると，b^3 がすでに計算されているとき，次のようにして $(b+c)^3$ を計算することができます.

> 2度にわたって衣（ころも）をつけて，b^3 を $(b+c)^3$ に膨らませる，というイメージです

1　$3b$ に c を加え，c 倍する. $(3b+c)c$ が得られる

2　$3b^2$ に 1 で得た $(3b+c)c$ を加え，c 倍する. $\{3b^2+(3b+c)c\}c$ が得られる

3　b^3 に 2 で得た $\{3b^2+(3b+c)c\}c$ を加えれば，$(b+c)^3$ が得られる

このことを用いて，次のような計算方式を考えます.

1　$\sqrt[3]{a}$ の近似値として，b が候補にあがっているとします. このとき，3 つのブロックに次のようなものを配置します. 3 つのブロックを左か

ら順に左ブロック，中央ブロック，右ブロックとよぶことにし，この3つの配置を**基本形**と考えます．

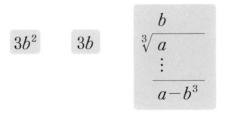

2 右ブロックの「b」にcを加え，$\sqrt[3]{a}$ の近似値の候補をbから$b+c$に修正します．そして，このcを中央ブロックの「$3b$」にも加えます．

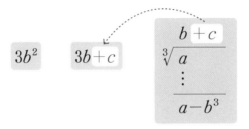

3 中央ブロックの「$3b+c$」をc倍して得られる$(3b+c)c$を左ブロックの「$3b^2$」に加えます．

$$3b^2$$

$$3b+c$$

加える $\dfrac{(3b+c)c}{3b^2+(3b+c)c}$ $\xleftarrow{\quad}$ $\underset{\times c}{\quad}$

$$\sqrt[3]{\dfrac{b+c}{a}}$$
$$\vdots$$
$$a-b^3$$

4 左ブロックの「$3b^2+(3b+c)c$」をc倍して，それを右ブロックの$a-b^3$から引きます．このとき，式 (3.1) により

$$a-b^3-\{3b^2+(3b+c)c\}c$$
$$=a-[b^3+\{3b^2+(3b+c)c\}c]$$
$$=a-(b+c)^3$$

が成り立ちます．

右ブロックに$a-(b+c)^3$があらわれました．この計算をするのに，中央ブロックと左ブロックを経由しました．

> 「2クッション」
> 入れたわけです

Wine bar story 🍷 **Take a Break**

● ：……というところまで，がんばって考えたんですけど……

● ：すばらしいじゃない!! あと少しだけど，ちょっと手ごわいから，小籠包をつまみながら酒精強化ワインのシェリー[1] でも飲んで，気持ちを強化してかからないとね

※1　シェリーは醸造過程でアルコールを加えて度数を高めた「酒精強化ワイン」の一種です．そのため，悪条件下での長期輸送にも耐えられます．

●：小籠包，いただきます．……アツッ！……舌をヤケドしました※2

●：小籠包は蓮華の上で皮を開いてから食べないと……．まだまだ「開く」のは苦手のようね！

3rd STEP　継続は力，持続は命 ── 開立法の設計図完成

これまでのことを振り返ってみましょう．基本形

$$3b^2 \qquad 3b \qquad \sqrt[3]{\begin{array}{c} b \\ \hline a \\ \vdots \\ \hline a-b^3 \end{array}} \tag{3.2}$$

からはじめました．そして，$\sqrt[3]{a}$ の近似値を b から $b+c$ に修正して

$$\begin{array}{c} 3b^2 \\ (3b+c)c \\ \hline 3b^2+(3b+c)c \end{array} \qquad 3b+c \qquad \sqrt[3]{\begin{array}{c} b+c \\ \hline a \\ \vdots \\ \hline a-b^3 \\ \{3b^2+(3b+c)c\}c \\ \hline a-(b+c)^3 \end{array}} \tag{3.3}$$

という計算式を得ました．

　このような計算を「持続」させるためには，もう1度，基本形に戻す必要が

※2　小籠包には熱いスープが入っていますよね．

あります．したがって，計算式 (3.3) から次の形に移行するステップを設計
しなくてはなりません．

$$\sqrt[3]{\begin{array}{c} b+c \\ \hline a \end{array}}$$

$$\begin{array}{ccc} \vdots & \vdots & \vdots \\ \hline 3(b+c)^2 & 3(b+c) & a-(b+c)^3 \end{array}$$

　まず，中央ブロックを $3b+c$ から $3(b+c)$ に移行させます．

$$3(b+c) = (3b+c) + 2c \tag{3.4}$$

という式が成り立つことに注意しましょう．計算式 (3.3) の中央ブロックに
c の 2 倍を加えれば，求めるべき形が得られますね．

　では，左ブロックはどうでしょうか？

　詳細な計算は省略しますが

$$3(b+c)^2 - \{3b^2 + (3b+c)c\} = 3bc + 2c^2 \tag{3.5}$$

が成り立ちます．

　さて，ここでひと工夫です．

　計算式 (3.3) の左ブロックの下から 2 行目に

$$(3b+c)c$$

がすでに計算されているので，これを利用するのです．

$$3bc + 2c^2 = (3b+c)c + c^2 \tag{3.6}$$

が成り立ちますね．したがって，式 (3.5) と式 (3.6) により

$$\{3b^2 + (3b+c)c\} + (3b+c)c + c^2 = 3(b+c)^2 \tag{3.7}$$

が得られます．

以上のことを踏まえると，次の手順を行えばよいことがわかります．

● 計算式 (3.3) の中央ブロックの $3b+c$ に $2c$ を加え，$3(b+c)$ を
作る

式 (3.4)
参照

● 左ブロックの $3b^2+(3b+c)c$ に，その上の $(3b+c)c$ をもう
1 度加え，さらに c^2 を加えて，$3(b+c)^2$ を作る

式 (3.7)
参照

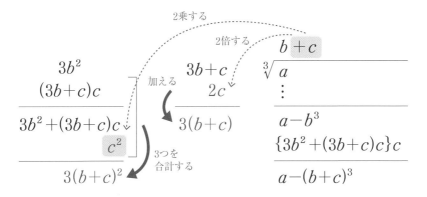

こうして，再び基本形に戻ってきましたので，次の計算に歩を進めること
ができます．

以上で，開立法の設計図は完成です．

Wine bar story　🍷 **Take a Break**

：理論的な話が続いて，だんだんストレスがたまってきまし
た．実際に計算してみましょうよ

：そうね．ウンチクばかり語って，ちっとも実物にありつけな
いワインの講釈みたいになっては困るわね．このシェリーの
味だって，実際に飲んでみないと，よくわからないものね

4th STEP 設計図通りに計算してみよう —— 開立法の実際

開立法の設計図ができたところで，その設計図に沿って，実際に立方根を計算してみましょう．

> **例 3.1**
>
> $a = 100$ とし，$\sqrt[3]{100}$ を計算します．

1 最初に基本形を作ります．

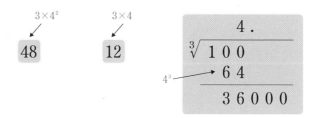

- $4^3 = 64 < 100 < 5^3$ ですので，右ブロックの一の位には「4」が立ちます．
- 右ブロックでは

$$100 - 4^3 = 100 - 64 = 36$$

という計算をしています．

- 4の3倍，すなわち「12」を中央ブロックに書きます．
- 4^2 の3倍，すなわち「48」を左ブロックに書きます．

$a = 100, b = 4$ として，次の基本形を作ったわけです．

$$3b^2 \qquad 3b \qquad \begin{array}{r} b \\ \hline \sqrt[3]{a} \\ b^3 \\ \hline a-b^3 \end{array}$$

2 新たに付け加える部分を色付きの数字で示します.

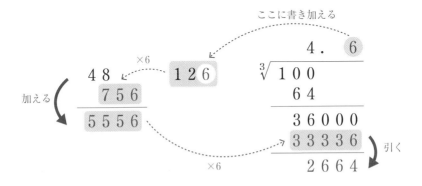

- 小数第 1 位に「6」が立ちます.

> この「6」を見つけるには,多少の嗅覚が必要です

- その「6」を中央ブロックの「12」の横に書いて,「126」とします.
- 126×6 の計算結果「756」を左ブロックの「48」の下に 2 桁ずらして書きます. そして,その 2 段を足し合わせ,「5556」を得ます.
- 「5556」を 6 倍した計算結果「33336」を右ブロックの「36000」の下に書いて,引き算します.

位取りに注意しましょう. たとえば,中央ブロックの「126」は,実際には「12.6」です. また,左ブロックの「5556」は,実際には「55.56」です.

さて,すでに $a=100$, $b=4$ とおいていましたが,ここでさらに $c=0.6$ とおくと

$$b+c = 4.6$$
$$3b+c = 12.6$$
$$(3b+c)c = 12.6 \times 0.6 = 7.56$$
$$3b^2+(3b+c)c = 48+7.56 = 55.56$$
$$\{3b^2+(3b+c)c\}c = 55.56 \times 0.6 = 33.336$$
$$(a-b^3)-\{3b^2+(3b+c)c\}c = a-(b+c)^3 = 2.664$$

が成り立っています.

　ここまでの計算は，次のようにまとめられます.

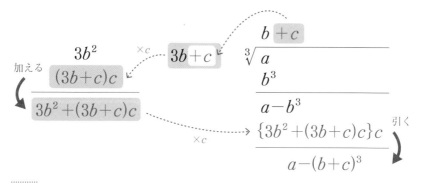

3　基本形に戻す作業です.

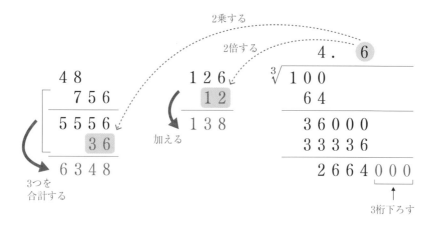

- 中央ブロックの「126」の下に6の2倍の「12」を書き，足し合わせます．
- 左ブロックの「5556」の下に6の2乗の「36」を書き，「5556」の1つ上の
  「756」からの3段を足し合わせます．

$$756 + 5556 + 36 = 6348$$

- 右ブロックでは，次の3桁「000」を下ろします．

次の計算式を作ったことになります．

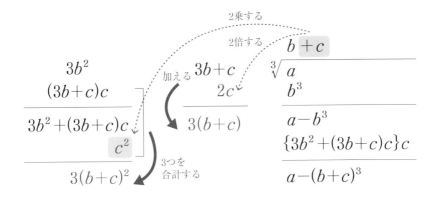

あらためて$b = 4.6$とおき直せば，基本形

になっています．実際

$$3 \times 4.6 = 13.8$$
$$3 \times 4.6^2 = 63.48$$
$$100 - 4.6^3 = 2.664$$

が成り立っています.

4 小数第2位に「4」が立ちます. あとは同様に進めればよいので，計算結果だけを書きます.

> あまり根を詰めず，リラックスして眺めてください

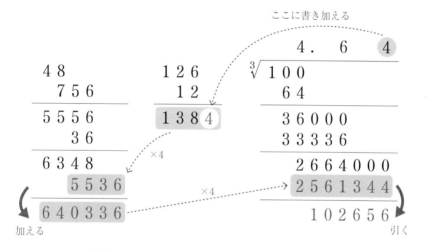

こうして，$\sqrt[3]{100}$ の近似値が求められます. 実際には

$$\sqrt[3]{100} = 4.641588...$$

と続いていきます.

(まとめ)

開立法を設計し，実際に計算してみました.

テーマ 3.2

ひと手間加えて，進化する筆算

── $x^3 + 5x = 100$ を解く

 Wine bar story  **Lead Sentences**

ミュスカデと甲州の飲み比べ

:開立法の計算は面倒ですけれど，計算できると意外に気持ちいいものですね．……ところで，先生，それは何です？

:フランスの「ミュスカデ[※1]」と日本の「甲州[※2]」．あんたも飲み比べてみる？

　私は自分の前にある2つのグラスと同じものを注文して，サンチョの前に置いた．

:こちらが「ミュスカデ」で，こっちが「甲州」ですか．……うーん．全然違いますね

:そう，全然違う．「ミュスカデ」は強い酸味とヨード香が特徴的．「甲州」は白ワインだけど，かすかに渋みが感じられる．もちろん違うんだけど，共通点もあるわよね．きびきびとした果実味を際立たせる苦みのニュアンス[※3]……

※1　フランスのロワール川の河口付近で作られる白ワイン，および，そのブドウ品種．

※2　日本で栽培されている白ワイン用のブドウ品種．果皮がほんのりと赤みがかっています．

※3　個人の感想です．

: そうですか？ ……ぼくにはよくわかりませんが……. それ
で，今日は開立法の進化形を教えてくださるんですよね

1st STEP $x^3 + 5x = 100$ の実数解の存在

3次方程式

$$x^3 + 5x = 100 \tag{3.8}$$

について考えます．実はこの方程式の実数解の近似値を筆算によって求める
ことができるのですが，その前に，**実数解が存在する**ことを確かめておきま
しょう．

　x が大きくなるにつれて，$x^3 + 5x$ の値は大きくなります．

　$x = 4$ のとき

$$x^3 + 5x = 64 + 20 = 84$$

です．また，$x = 5$ のとき

$$x^3 + 5x = 125 + 25 = 150$$

です．したがって，4と5の間に方程式 (3.8) の実数解が1個存在することが
わかります．

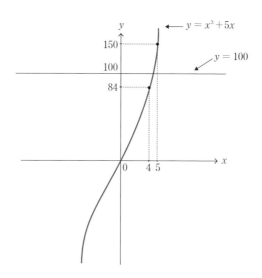

2nd STEP ❷ $x^3+5x=100$ の実数解を求める筆算

開立法とよく似た筆算によって，方程式 (3.8)

$$x^3+5x = 100$$

の実数解を求める方法を紹介します．

1 解が4と5の間にあることがわかっているので，一の位に「4」を立てて

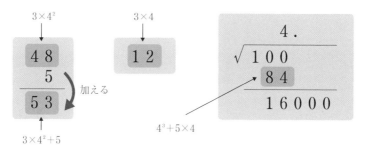

という状態を作ります．

- 右ブロックにおいて，100から84($=4^3+5\times4$)を引いて，次の3桁「000」を下ろします．
- 中央ブロックに12($=3\times4$)を書きます．
- 左ブロックには，まず48($=3\times4^2$)を書き，そこに5（方程式 (3.8) の x の係数）を加えて，53とします．

開立法と違うところは，ここだけです．あとは開立法とまったく同じように計算を進めます．

2 小数第1位に「2」を立てます．ここも若干の「嗅覚」が必要です

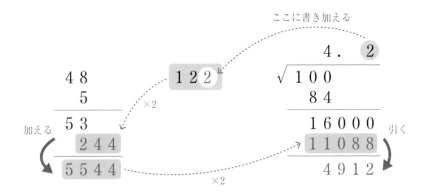

- 新たに立てた「2」を中央ブロックの12の右に書き，「122」を作ります．
- 122を2倍した「244」を左ブロックの「53」の下に2桁ずらして書き，足し合わせて「5444」を作ります．
- 5544を2倍した「11088」を右ブロックの「16000」の下に書き，引き算をします．

3 開立法と同様に計算を進めます．

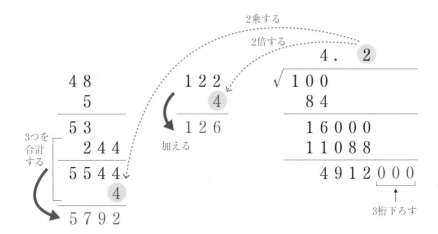

- 中央ブロックの「122」の下に2の2倍の「4」を書き，足し合わせます．
- 左ブロックの「5544」の下に2の2乗の「4」を書き，上にある「244」を含めた3段を足し合わせます．

$$244 + 5544 + 4 = 5792$$

- 右ブロックでは，次の3桁「0 0 0」を下ろします．

4 小数第2位には，「8」が立ちます．
計算結果だけ書きます．

> ここもどうぞリラックスして眺めてください

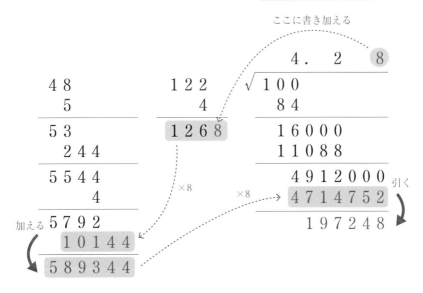

こうして，方程式 (3.8) の実数解が求まります．実際には

$$x = 4.283\ldots$$

と続いていきます．

3rd STEP　理論的な裏付け

　開立法にほんのひと手間加えるだけで，なぜ，このような計算ができるのでしょうか？ かいつまんで説明しましょう．

　方程式 (3.8) の実数解を求める計算の「基本形」は

$$3b^2 + 5 \qquad 3b \qquad \sqrt{\overline{\begin{matrix} a \\ \vdots \end{matrix}}} \ \ ^{b}$$

$$a - (b^3 + 5b)$$

という形です．ここで，いまの場合，$a = 100$ です．

　そして，次の桁に数字を立て，解の候補を b から $b+c$ に修正します．そのときの計算は，次のようなものです．

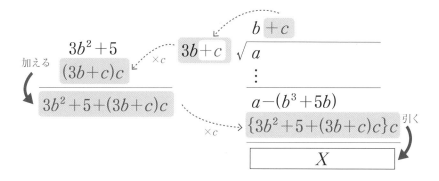

　このとき，X は引き算の結果ですので

$$X = a - (b^3 + 5b) - \{3b^2 + 5 + (3b + c)c\}c$$

となりますが，これを整理すると

$$X = a - \{(b+c)^3 + 5(b+c)\}$$

が得られます．　〈わしい計算は省略します〉

　この計算のあと，次の桁を立てる前の準備として，次のような計算によって，基本形に戻します．

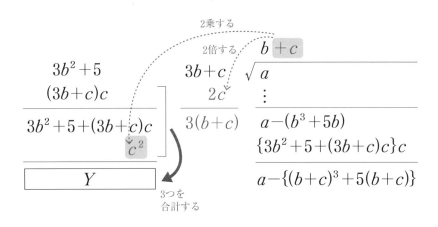

このとき，Yは3段の総和ですので

$$Y = (3b+c)c + \{3b^2+5+(3b+c)c\} + c^2$$

となりますが，これを整理すると

$$Y = 3(b+c)^2 + 5$$

が得られます． ここも，くわしい計算は省略します
こうして

$$
\begin{array}{c|c|c}
 & & b+c \\
 & & \sqrt{a} \\
\vdots & \vdots & \vdots \\
\hline
3(b+c)^2+5 & 3(b+c) & a-\{(b+c)^3+5(b+c)\}
\end{array}
$$

という形になりました．$b+c$をあらためてbとおき直せば，これは基本形に
戻っているので，計算が続行できます．
　このようにして，bを少しずつ変化させることによって

$$a-(b^3+5b)$$

を 0 に近づけていけば，b^3+5b は $a(=100)$ に近づくので，b は方程式 (3.8) の実数解の真の値に近づくのです．

Wine bar story **Take a Break**

：方程式 (3.8) の解を求める筆算は，開立法とほとんど同じなのに，まったく違うものが出てくるんですね

：さっき飲んだ「ミュスカデ」と「甲州」は，実はどちらも「シュール・リー※」という手法で作られているのよ．同じシュール・リーでも，ミュスカデと甲州は別物よね

：そうしたら，先生．たとえば

$$x^3+3x=100$$

の解も同じような筆算で求められますよね

4th STEP 方程式 $x^3+3x=100$ の解を求める

それでは，方程式

$$x^3+3x=100$$

の実数解を筆算で求めてみましょう．

※　ワインの発酵後，一定期間，澱を取り除かず，複雑味を引き出す手法．「ミュスカデ」のシュール・リーが有名ですが，「甲州」の一部にもこの手法が使われています．

1 一の位に立てる数字を決めます．

$$4^3 + 3 \times 4 = 76 < 100, \quad 5^3 + 3 \times 5 = 140 > 100$$

となっていますので，一の位に「4」を立て，次の状態から計算開始です．

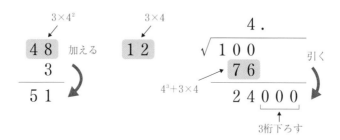

2 次の位に「4」が立ちます．

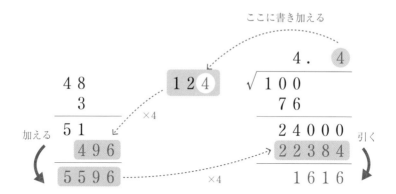

3 次の位に数字を立てる前の準備です．

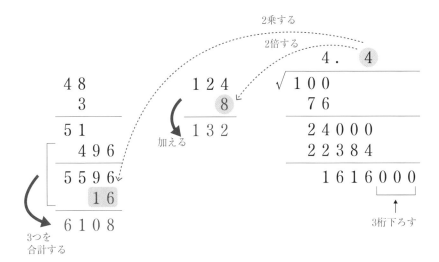

4 次の位に「2」が立ちます．

> ここもどうぞリラックスして
> 眺めてください

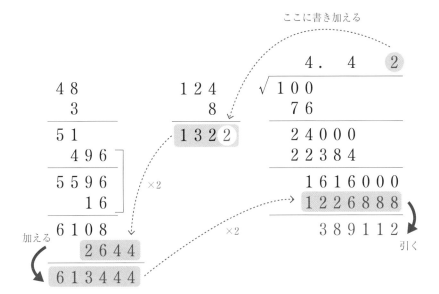

このようにして，方程式 $x^3+3x=100$ の実数解を求めることができます．実際には

$$x = 4.426...$$

と続いていきます．

同じように考えれば，$x^3+px=q$ というタイプの方程式の実数解を筆算によって求めることができます．

（まとめ）

開立法の変化形として，$x^3+px=q$ というタイプの方程式の解の近似値を筆算によって求める方法を紹介しました．

テーマ
3.3

「解ける」とか
「解けない」とか
── 解の公式とは?

スプマンテの泡に解の公式を想う

　サンチョと私は,「炙りまぐろのカルパッチョ」をつまみながら,
スプマンテ※を飲んでいる.

　:サンチョ, ぼんやりして, どうしたの?

　:先日,「2乗したら2になる数」について, 甥に質問された話
　をしましたよね. それがどうしても気になっているんです.
　2乗して2になる正の数を $\sqrt{2}$ と表し,「方程式 $x^2 = 2$ の解は
　$x = \pm\sqrt{2}$ だ」といえば, 方程式は解けたことになるんでしょ
　うか? 方程式を解くって, どういうことなんでしょうか?

　:海辺で「方程式のバカヤロー!」って叫んでみる?

　:ぼくは「ルート2」という数をわかったつもりでいました. で
　も,「わかる」って, どういうことでしょうか? ぼくが「わ
　かった」と思っていたことは, 実はこのスプマンテの泡みた
　いな, うたかたの夢なんでしょうか?

　:「うたかた」と「泡」は同じ意味. それに, 泡はとっても大事.
　だって, 泡がなければスプマンテじゃないもの. ……それで
　は, 解の公式とは何か, 方程式が解けるということはどうい

※　　イタリアのスパークリングワインを「スプマンテ」とよびます.

うことかを考えてみましょう

 ここで何を考えるのか? — 問題点の整理

🔲 解の公式

2次方程式には解の公式があります.

$$ax^2 + bx + c = 0 \ (a \neq 0)$$

の解は

$$x = \frac{-b \pm \sqrt{b^2 - 4ac}}{2a}$$

> この公式の導き方は後述

> これも後述

で与えられます.

　3次方程式については,「**カルダーノの公式**」とよばれる公式が知られています. また, ここでは扱いませんが, 4次方程式については,「**フェラーリの公式**」とよばれる公式があります.

　一方, 5次以上の一般の方程式については, カルダーノの公式やフェラーリの公式にあたるような公式が存在しないことが知られています. この事実は「**アーベルの定理**」とよばれています.

🔲 複素数と「代数学の基本定理」

　2次方程式 $x^2 = -1$ が実数解を持たないことは, よく知られています. そこで, 数学では, **複素数**というものを考えます.

$$i^2 = -1$$

となる数 i を考え

> 「このような数を考えてよいのか?」ということを抽象的な代数学を用いて論ずる, というテーマも面白いのですが, それは別の機会に譲りましょう. ……そんな機会があるかどうか, わかりませんが

$$z = x + yi \quad (x, y は実数)$$

と表される数 z を複素数とよびます．また，i を虚数単位とよびます．

複素数を用いると，たとえば 2 次方程式

$$x^2 - 2x + 5 = 0$$

の解を

$$x = 1 \pm 2i$$

と表すことができます．

複素数については，代数学の基本定理とよばれる次の定理が重要です．

定理 3.1　代数学の基本定理

n は自然数とする．複素数を係数とする n 次方程式
$$a_n x^n + a_{n-1} x^{n-1} + \cdots + a_1 x + a_0 = 0$$
$$(a_n, a_{n-1}, \cdots, a_1, a_0 は複素数，\ a_n \neq 0)$$
は，複素数の範囲内に必ず解をもつ．

複素数の範囲まで数の概念を広げて考えれば，どんな n 次方程式にも必ず解が存在する，ということを定理 3.1 は主張しているのです．

⊟ 存在と公式のはざまで

アーベルの定理は「5 次以上の方程式には解の公式がない」といい，代数学の基本定理は「どんな n 次方程式にも解がある」と主張する……．

いったい，どういうこと？

この問いが，ここでのテーマです．

2次方程式の解の公式

2次方程式

$$x^2 + 2x - 2 = 0 \tag{3.9}$$

について考えてみましょう．

$$(x+1)^2 = x^2 + 2x + 1$$

が成り立つので，$X = x + 1$とおけば　テーマ2.3，公式2.1参照

$$x^2 + 2x = (x+1)^2 - 1 = X^2 - 1$$

となります．このことにより，方程式 (3.9) の左辺については

$$x^2 + 2x - 2 = (X^2 - 1) - 2 = X^2 - 3$$

が成り立ちます．したがって，方程式 (3.9) は

$$X^2 = 3$$

と変形されます．この方程式の解は

$$X = \pm\sqrt{3}$$

です．ここで

$$x = X - 1$$

であることに注意すれば，方程式 (3.9) の解が

$$x = -1 \pm \sqrt{3}$$

で与えられることがわかります．

　同様のことを一般の2次方程式

$$ax^2 + bx + c = 0 \quad (a \neq 0) \tag{3.10}$$

について考えます．両辺をaで割ると，方程式 (3.10) は

$$x^2 + \frac{b}{a}x + \frac{c}{a} = 0 \tag{3.11}$$

と変形されます．

さて，一般に

$$(x+p)^2 = x^2 + 2px + p^2 \quad \text{テーマ 2.3，公式 2.1 参照}$$

が成り立ちますが，ここで

$$p = \frac{b}{2a}$$

とおけば

$$\left(x + \frac{b}{2a}\right)^2 = x^2 + \frac{b}{a}x + \frac{b^2}{4a^2}$$

が得られます．そこで

$$X = x + \frac{b}{2a}$$

とおくと

$$x^2 + \frac{b}{a}x = X^2 - \frac{b^2}{4a^2}$$

が成り立つので，式 (3.11) は

$$X^2 - \frac{b^2}{4a^2} + \frac{c}{a} = 0$$

と変形されます．この式を整理すれば

$$X^2 = \frac{b^2 - 4ac}{4a^2}$$

となることから

$$X = \pm \frac{\sqrt{b^2 - 4ac}}{2a}$$

が得られます．ここで

> ここは少し注意が必要ですが，詳細は省略します

$$x = X - \frac{b}{2a}$$

であることに注意すれば，方程式 (3.10) の解が

$$x = -\frac{b}{2a} \pm \frac{\sqrt{b^2 - 4ac}}{2a} = \frac{-b \pm \sqrt{b^2 - 4ac}}{2a}$$

で与えられることがわかります．

　こうして，2次方程式の解の公式が導かれました．

　この論法のポイントは，$X = x + \dfrac{b}{2a}$ とおくことによって，1次の項を含まないような X の2次方程式に変形した，ということです．

3rd STEP　カルダーノの公式

　3次方程式

$$ax^3 + bx^2 + cx + d = 0 \quad (a \neq 0) \tag{3.12}$$

について考えましょう．まず，両辺を a で割ると

$$x^3 + \frac{b}{a}x^2 + \frac{c}{a}x + \frac{d}{a} = 0$$

が得られます．くわしい計算は省略しますが

$$X = x + \frac{b}{3a}$$

とおくと，方程式 (3.12) が

$$X^3 + pX = q$$

という形の方程式に変形されることがわかります.

そこで, 簡単のため, はじめから, 方程式

$$x^3 + px = q \tag{3.13}$$

を考えましょう.

いま

$$D = \frac{p^3}{27} + \frac{q^2}{4}$$

とおきます. また, 複素数 $\omega, \bar{\omega}$ を

$$\omega = \frac{-1 + \sqrt{3}\,i}{2}, \quad \bar{\omega} = \frac{-1 - \sqrt{3}\,i}{2}$$

と定めます. ここで, i は虚数単位を表します.

このとき, 結論だけ述べますが, 方程式 (3.13) の解は

$$x = \sqrt[3]{\sqrt{D} + \frac{q}{2}} - \sqrt[3]{\sqrt{D} - \frac{q}{2}} \tag{3.14}$$

$$x = \omega\sqrt[3]{\sqrt{D} + \frac{q}{2}} - \omega\sqrt[3]{\sqrt{D} - \frac{q}{2}} \tag{3.15}$$

$$x = \bar{\omega}\sqrt[3]{\sqrt{D} + \frac{q}{2}} - \bar{\omega}\sqrt[3]{\sqrt{D} - \frac{q}{2}} \tag{3.16}$$

の3種類であることが知られています.

これを**カルダーノの公式**とよびます.

テーマ3.2では, 方程式 (3.8)

> 後の計算がしやすい形に変形してあります. 相当に複雑な式ですので, リラックスして眺めてください. 実は, この公式こそ, 複素数の本格的な導入の契機となったものですが, そのあたりのことについては, また別の機会に

$$x^3 + 5x = 100$$

について考えました. これは, 方程式 (3.13) において

$$p = 5, \quad q = 100$$

とおいたものです. カルダーノの公式を用いて, 方程式 (3.8) の解のうち, 上述の式 (3.14) に相当

> 記号「≒」は, ほぼ等しいことを意味します

するものを計算してみましょう.

$$D \fallingdotseq 2504.62962963$$

$$\sqrt{D} \fallingdotseq 50.04627488$$

$$\sqrt{D} + \frac{q}{2} \fallingdotseq 100.04627488$$

$$\sqrt{D} - \frac{q}{2} \fallingdotseq 0.04627488$$

$$\sqrt[3]{\sqrt{D} + \frac{q}{2}} \fallingdotseq 4.6423$$

$$\sqrt[3]{\sqrt{D} - \frac{q}{2}} \fallingdotseq 0.3590$$

$$\sqrt[3]{\sqrt{D} + \frac{q}{2}} - \sqrt[3]{\sqrt{D} - \frac{q}{2}} \fallingdotseq 4.283$$

以上の計算により，方程式 (3.8) の実数解の近似値として

$$x \fallingdotseq 4.283$$

が得られました．テーマ3.2の筆算の結果と合致していますね.

Wine bar story **Take a Break**

　注文していた「クレーム・ブリュレ※」が出てきたとき，「炙りまぐろのカルパッチョ」がまだ少し残っていた.

- ：先生，カルダーノの公式って，面倒じゃないですか？ 筆算で直接計算したほうががずっと早いのに……
- ：ねえ，サンチョ．この「炙りまぐろのカルパッチョ」を自分の家のキッチンで作れる？
- ：作れないことはないと思いますが，炙るためのバーナーがな

※　　カスタードの上面に砂糖を焦がしたカラメルの層が乗っているデザート.

いので，ちょっと面倒ですね

：料理するにあたって，何が使えて，何が使えないか，ということはとても大事よね．「解の公式」も同じこと．何が使えて，何が使えないか……．ルールの問題と言ってもいいわね

：はあ……

：まあ，甘い物でも食べながら考えましょうよ．デザートに合わせてスパークリングワイン，というのも，なかなかオツなものよ．そういえば，このクレーム・ブリュレのカラメルにもバーナーが使われているかもね

4th STEP 使えるものは何か？ ── 「解の公式」のルール

「解ける」とか「解けない」とか

2次方程式 (3.10)

$$ax^2 + bx + c = 0 \quad (a \neq 0)$$

と，解の公式

$$x = \frac{-b \pm \sqrt{b^2 - 4ac}}{2a}$$

を眺めてみましょう．

方程式の解が，a, b, c を用いて，足したり引いたりかけたり割ったりという四則演算と，平方根をとるという操作を組み合わせて得られていることが見てとれます．

カルダーノの公式はどうでしょうか？

3次方程式

$$x^3 + px = q$$

の解は少し複雑ですが，それでも，係数 p, q を用いた四則演算や，平方根・立方根をとる操作の組み合わせによって表されています．

平方根（2乗根）や立方根（3乗根）のほかに，4乗根，5乗根なども考えられます．これらを総称して，べき根とよびます．

そこで，次の問題を考えます．

問題 3.1

n は2以上の整数とし，n 次方程式

$$a_n x^n + a_{n-1} x^{n-1} + \cdots + a_1 x + a_0 = 0 \quad (a_n \neq 0)$$

を考えます．このとき，係数

$$a_n, a_{n-1}, \ldots, a_1, a_0$$

を用いた四則演算や，べき根をとる操作の組み合わせによって，この方程式の解を表すことができるでしょうか？

すでに述べたように，$n = 2$ のときや，$n = 3$ のときは，問題3.1に対する答えは「YES」です．

また，ここでは述べませんが，4次方程式については，「フェラーリの公式」とよばれるものが知られています．その公式によれば，$n = 4$ のときも，問題3.1に対する答えは，やはり「YES」です．

ところが，n が5以上のとき，問題3.1に対する答えは「NO」であることが知られています．この事実はアーベルの定理とよばれます．

> **定理 3.2** アーベルの定理
>
> nは5以上の整数とする．このとき，n次方程式
> $$a_n x^n + a_{n-1} x^{n-1} + \cdots + a_1 x + a_0 = 0 \quad (a_n \neq 0)$$
> に対して，係数
> $$a_n, a_{n-1}, \ldots, a_1, a_0$$
> を用いた四則演算や，べき根をとる操作の組み合わせによって，この方程式の解を表す公式は存在しない．

アーベルの定理の内容を，「5次以上の方程式は解けない」と表現してしまうと，誤解が生じてしまいます．

単に「方程式を解く」といっても，いろいろな意味があります．なにしろ，代数学の基本定理によれば，n次方程式は複素数の範囲には必ず解があります．そして，多くの場合，その近似値を求めることができます．

たとえば，テーマ3.2で述べたように，筆算によって解の近似値を求められることがあります．ここでは取り扱いませんが，実は

$$x^5 + px = q$$

というタイプの5次方程式の解の近似値も筆算によって求められます．また，筆算によらず，計算機を使った解の近似値の求め方は数多く知られています．

> Appendixにおいて，「ニュートンの方法」とよばれる基本的な方法を解説しています

また，「解の公式」にもいろいろなものが考えられます．たとえば，べき根を用いず，三角関数を使った解の公式なども考えられますが，そういう公式が存在するかどうかは別問題です．

整理しましょう．

厳密な議論をするには，前提となるルールをはっきりさせることが必要です．問題3.1では，「四則演算とべき根をとる操作の組み合わせ」というルールを設定しているのです．こういうルールのもとでは，5次以上の方程式の解の公式を表すことができない，ということを定理3.2（アーベルの定理）は述べています．

ルールが違えば，展開される議論も当然違うわけです．

⊟ 「わかる」とか「わからない」とか

ところで，$x^2 = 2$ となる正の数を $\sqrt{2}$ と表すことによって，我々は何がわかったのでしょうか？ そもそも，何をもって「わかった」というのでしょうか？ それは，「何をわかりたいか」ということに応じて変わるのではないでしょうか……．

それでは，2次方程式や3次方程式の解の公式によって，我々は何が「わかる」のでしょうか？

たとえば，2次方程式

$$x^2 + 2x - 2 = 0$$

の解が

$$x = -1 \pm \sqrt{3}$$

である，ということが「わかる」とき，我々は次のような「わかり方」をしているのです．

- 四則演算は「わかる」
- -1 や 3 も「わかる」
- $\sqrt{3}$ は「わかった」ことにしよう
- そうなれば，$-1 \pm \sqrt{3}$ も「わかる」

次の章では，作図の問題を取り上げます．今度は，「定規とコンパスだけを使う」というルールのもとでの作図の可能性を論じます．

(まとめ)
┄┄┄┄┄┄┄┄┄┄┄┄┄┄┄┄┄┄┄┄┄┄┄┄┄
「解の公式」の考え方を明確にしました．
┄┄┄┄┄┄┄┄┄┄┄┄┄┄┄┄┄┄┄┄┄┄┄┄┄

Chapter 3 の終わりに —— スプマンテを理解するいくつかの方法

　スプマンテの最後のひと口を飲み干そうとしたとき，サンチョが口を開いた．

🔲：「わかる」と言っても，その「わかり方」はいろいろなんですね

🔲：たとえば，いま飲んでいるスプマンテについて，何を知りたい？ 作り手の名前？ それとも作られた場所？

🔲：両方知りたいです

🔲：イタリア北部で「フェラーリ社[1]」が作ってるの．本場のシャンパーニュ[2]にまさるとも劣らないすばらしいスプマンテよ

🔲：……ははあ，わかりましたよ．今日，シャンパンではなくて，あえてスプマンテを頼んだ理由が……．4次方程式に関する「フェラーリの公式」に引っかけたダジャレを言いたかったんですね

🔲：……あんた，いま，「わかりました」と言ったわね？

🔲：はい，言いました．……わあ，なんか，イヤな予感……

🔲：わかるって，どういうこと？ 何をもって，「わかる」というわけ？ そもそも，何を「わかりたい」と思ってるの？

🔲：わあ，ごめんなさい……

🔲：だいたい，口で「わかりました」という学生ほど，信用ならないものはないのよね．……ねえ，サンチョ．わかる？

🔲：わかります……いえ，わかりません……いやその，わかると

※ 1　イタリアのトレント近郊の有名な醸造所．
※ 2　フランスのシャンパーニュ地方で所定の方法で作られたスパークリングワインのみ，「シャンパーニュ（シャンパン）」を名乗ることができます．

いえばわかるような, わからないような……. 今夜はこれで失礼します！

　サンチョは, あわてて店を出て行った. 私はゆっくり飲み直すとしよう. 夜はまだ長いのだ.

Chapter 4

定規とコンパスの代数学
― デロスの問題

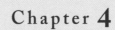

作図の問題を代数的に考えます．正五角形の作図
からはじめて，三大作図問題の1つである『デロ
スの問題』の解説をします．

Opening

Wine bar story

定規とコンパスには
レツィーナがよく似合う

ドアをあけると，すでにサンチョが座っているのが見えた．紙を広げ，定規とコンパスで何やら描いている．

:正五角形の作図の練習です．先日，甥に聞かれて，調べたんです．ところで先生，三大作図問題というのがあるらしいですね．その中でいちばん簡単なものを教えてください

:とりあえず飲みましょう．……マスター，レツィーナ[※]をグラスで

:ぼくも同じものを

差し出されたグラスに口をつけながら，私は言った．

:じゃあ，デロスの問題の話をしましょう．デロス島という島がギリシャにあって……

:うわぁ～，先生，このワイン，何ですか？「ニス」みたいな強烈な香りがしますよ！

:松ヤニ入りのギリシャのワインよ．定規とコンパスの話には，このワインが合うんじゃないかしら？

:定規とコンパスというより，日曜大工の香りです！

※　　ギリシャで作られる松やに入りの白ワイン．強烈な香りが癖になります．

定規とコンパスで ペンタゴン
── 正五角形の作図

1st
STEP

ウォーミングアップ ── 垂直二等分線の作図

ここでは，1辺の長さが与えられた正五角形の作図について説明します．

まずはウォーミングアップです．2点P, Qを結ぶ線分の**垂直二等分線**，つまり，線分PQの中点を通り，線分PQと垂直に交わる直線を作図しましょう．

> ちょうど真ん中の点のことです

P　　　　　　　　　　　　　Q

点Pを中心として，コンパスで上下に弧を描きます．それが終わったら，今度は，コンパスの幅を変えずに，点Qを中心として，上下に弧を描きます．上下に交点ができますので，それらを結べば，線分PQの垂直二等分線の出来上がりです．

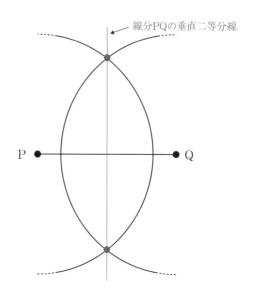

線分PQの垂直二等分線

2nd STEP
正しい作図で，きれいな仕上がり
― 正五角形の作図法

　ウォーミングアップが終わったところで，与えられた線分PQを1辺とする正五角形の作図手順を説明します．

1　線分PQの垂直二等分線ℓ_1を引きます．

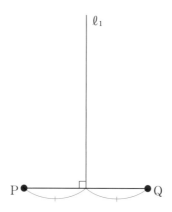

ℓ_1

2 線分PQの中点をMとします. 直線ℓ_1上に点Rを

$$(\text{MRの長さ}) = (\text{PQの長さ})$$

となるようにとります. コンパスで線分PQの長さを測りとり, 針を点M上に置いて描いた弧が直線ℓ_1と交わる点をとれば, それが点Rです.

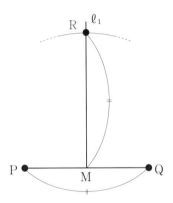

3 点PとRを結ぶ直線をℓ_2とします. ℓ_2上に点Sを

$$(\text{RSの長さ}) = (\text{PMの長さ})$$

が成り立ち, 点RをはさんでPとSが反対側にあるようにとります. 線分PMの長さをコンパスで測り, 針を点R上に置いて弧を描けばよいですね.

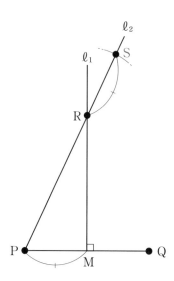

4 点Pを中心とし, 点Sを通る円が直線ℓ_1と交わる点をTとします. 線分PSの長さをコンパスで測りとり, 針を点P上に置いて, コンパスを回せばよいですね. 実は, 点Tが求める正五角形の頂点の1つになります.

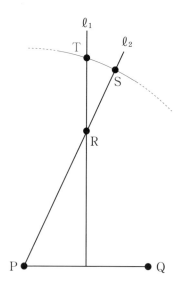

5 点U, Vを

$$(\mathrm{PU} \, \text{の長さ}) = (\mathrm{TU} \, \text{の長さ})$$
$$= (\mathrm{QV} \, \text{の長さ}) = (\mathrm{TV} \, \text{の長さ})$$
$$= (\mathrm{PQ} \, \text{の長さ})$$

となるように選びます. 線分PQの長さをコンパスで測りとり, 点P, Q, T上
にそれぞれ針を置いて弧を描き, それらの交点をU, Vとすればよいですね.

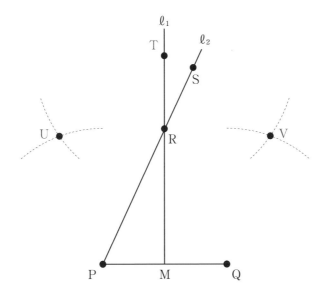

6 5点 P, Q, V, T, U を結べば，正五角形の出来上がり！

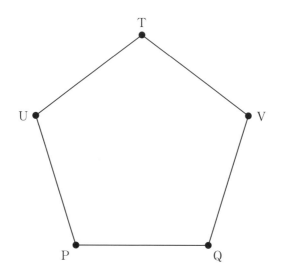

Wine bar story | Take a Break

: 正五角形の作図のキーポイントは，やはり，点 T の位置を決めるところですね

: そうね．点 T が決まれば，あとはそんなに難しくないから

: 線分 PQ の垂直二等分線上に点 T があるのは当然ですが，T の位置が遠すぎても近すぎても正五角形にはなりませんよね

T が遠すぎても…

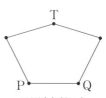

T が近すぎても…

3rd STEP 形の決め手は黄金比 —— 正五角形の幾何学

正五角形の作図方法を説明しましたが，なぜその方法で作図できるのかを考えるために，正五角形の幾何学的な性質を調べましょう．

⊟ 正五角形の内角

「三角形の内角の和は $180°$ である」ということは聞いたことがあるでしょう．頂点をはさむ2辺のなす角度を**内角**といいますが，三角形の3つの内角を足し合わせると $180°$ になるのです．

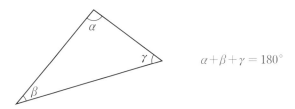

$$\alpha + \beta + \gamma = 180°$$

では，正五角形の内角の和はどうなるでしょうか？ 次の図のように，3個の三角形に分けることができますから，内角の和は

$$180° \times 3 = 540°$$

です．

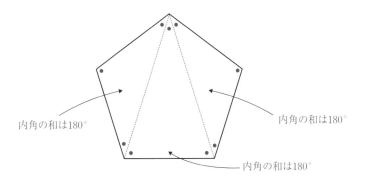

内角の和は180°

内角の和は180°

内角の和は180°

ところで，正五角形は5頂点の内角がすべて等しいので，1つの内角は108°であることがわかります．

$$540° \div 5 = 108°$$

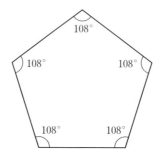

正五角形を3つの二等辺三角形に分ける

作図法を述べたときの記号に合わせて，正五角形PQVTUを考え，点Tと点P，点Tと点Qをそれぞれ結びます．

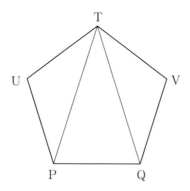

正五角形が3つの三角形に分かれましたが，これらはすべて二等辺三角形です．これらの三角形の内角を求めてみましょう．

まず，三角形UPTに着目しましょう．∠PUT = 108°であり

$$\angle \mathrm{UPT} = \angle \mathrm{UTP}$$

が成り立ちます．三角形の内角の和が180°であることを考えると

$$\angle \mathrm{UPT} = \angle \mathrm{UTP} = \frac{1}{2}(180° - 108°) = 36°$$

であることがわかります．同様に，三角形VQTについても

$$\angle \mathrm{QVT} = 108°, \quad \angle \mathrm{VQT} = \angle \mathrm{VTQ} = 36°$$

が得られます．最後に，三角形TPQについては

$$\angle \mathrm{PTQ} = \angle \mathrm{UTV} - \angle \mathrm{UTP} - \angle \mathrm{VTQ} = 36°$$
$$\angle \mathrm{TPQ} = \angle \mathrm{UPQ} - \angle \mathrm{UPT} = 72°$$
$$\angle \mathrm{TQP} = 72°$$

が成り立つことがわかります．

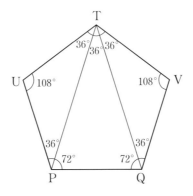

⊟ 線分 TP の長さを求める

　いま，線分PQの長さ，つまり，正五角形の1辺の長さを2とします．このとき，線分TPの長さをxとおき，xを求めましょう．

> 長さを1ではなく，2とするのは，あとの計算の都合です

　三角形TPQにおいて，∠TPQの二等分線を引き，それが線分TQと交わ

る点を W とします．このとき

$$\angle QPW = \angle WPT = 36°$$

です．また，三角形 PQW の内角の和が $180°$ であることにより

$$\angle PWQ = 180° - \angle QPW - \angle PQW = 72°$$

が得られます．

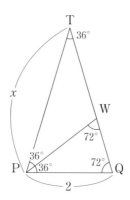

三角形 PQW に着目しましょう．

$$\angle PQW = \angle PWQ = 72°$$

ですので，この三角形は二等辺三角形であり

$$(PW の長さ) = (PQ の長さ) = 2$$

が成り立ちます．次に，三角形 WPT に着目すると

$$\angle WPT = \angle WTP = 36°$$

ですので，この三角形も二等辺三角形であり

$$(TW の長さ) = (PW の長さ) = 2$$

となります．また，三角形TPQも二等辺三角形であり

$$（TQの長さ）=（TPの長さ）= x$$

が成り立ちます．したがって

$$（QWの長さ）=（TQの長さ）-（TWの長さ）= x-2$$

となります．

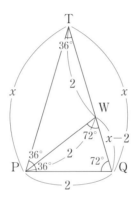

　最後に，三角形PQWと三角形TPQを比べてみましょう．どちらも二等辺三角形であり，3つの内角が

$$36°, 72°, 72°$$

となっています．したがって，2つの三角形は相似です．

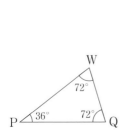

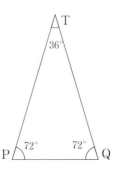

このことから

$$(QWの長さ):(PQの長さ) = (PQの長さ):(TPの長さ)$$

が成り立つことがわかります．つまり

$$(x-2):2 = 2:x$$

となります．

このような比の等式に対しては，「外項の積と内項の積が等しい」という性質があります．

$$\overbrace{a:b=c:d}^{\text{外項の積}\,ad} \implies ad=bc$$

内項の積 bc

いまの場合は

$$(x-2)x = 2 \times 2$$

が成り立ちます．この式を整理すると，2次方程式

$$x^2 - 2x - 4 = 0$$

が得られ，これを解くと

$$x = 1 \pm \sqrt{5}$$

となります．$x > 0$ であることを考えれば，結局

$$x = \sqrt{5} + 1$$

であることがわかります．

実は，この「$\sqrt{5}+1$」という数が作図のカギなのです．

ちなみに

$$(\text{PQ の長さ}):(\text{TP の長さ})=2:(\sqrt{5}+1)=1:\frac{\sqrt{5}+1}{2}$$

が成り立ちますが，この比のことを**黄金比**とよびます．黄金比は数学のいろいろなところにあらわれます．

結局，正五角形の形の決め手は黄金比であった，というわけです．

作図の中の黄金比
—— なぜ正五角形は作図できたのか？

PQ を 1 辺とする正五角形の作図を振り返ってみましょう．作図法の **3** まで進んだときの図は次の通りです．

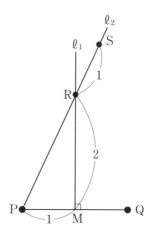

三角形 PMR に着目しましょう．この三角形は直角三角形で

$$(\text{PM の長さ})=1,\quad (\text{RM の長さ})=2$$

です．

ここで，**三平方の定理**とよばれる次の定理を思い出しましょう．

> **定理 4.1 三平方の定理**
>
> A を直角の頂点とする直角三角形 ABC に対して
> $$(\text{BC の長さ})^2 = (\text{AB の長さ})^2 + (\text{AC の長さ})^2$$
> が成り立つ.

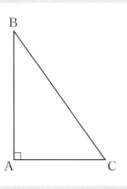

この定理を使えば

$$(\text{RP の長さ}) = \sqrt{(\text{PM の長さ})^2 + (\text{RM の長さ})^2} = \sqrt{5}$$

が得られます. また, 線分 SR の長さは 1 ですので

$$(\text{SP の長さ}) = \sqrt{5} + 1$$

となります.

次に作図法の ④ の状態を示します.

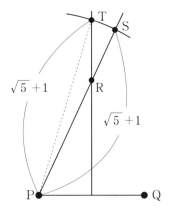

点Pを中心とした弧の上にSとTがのっています。したがって

$$(\text{TPの長さ})=(\text{SPの長さ})=\sqrt{5}+1$$

が成り立ちます！

　点Tは線分PQの垂直二等分線上にあって，TPの長さが$\sqrt{5}+1$になっているので，点Tが正五角形の頂点であることがわかります。

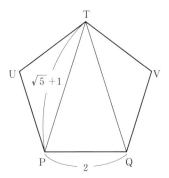

（ まとめ ）

正五角形の作図について述べました。「$\sqrt{5}+1$」という長さの作図がポイントでした。

作図の代数学的考察
―― デロスの問題へのアプローチ

Wine bar story **Lead Sentences**

ブラン・ド・ノワールで出陣の乾杯を

🔴：先生，今日はいよいよデロスの問題の解説ですよね．その前
に，出陣式をしましょうよ

⚫：目指すは難攻不落の城．今度はまず外堀^{こたび}を埋めるのじゃ．
……いざ，シャンパーニュの「ブラン・ド・ノワール^{※1}」に
て，乾杯！

　　黄金色の液体が入ったグラスを持ち上げて，私たちは乾杯した．

🔴：姫，「外堀を埋める」と仰せになりましたが，はて……

⚫：ありていに申さば，「作図の代数学」よ

🔴：作図は幾何の問題とばかり思うておりましたが……

⚫：黒ブドウのピノ・ノワールは赤ワイン用の品種．それのみか
ら醸された発泡性の白ワインが「ブラン・ド・ノワール」．直
訳すれば，「黒の白^{※2}」．今度のテーマは，「幾何^{こたび}の代数」よ

※１　一般に，白ワインは白ブドウから，赤ワインは黒ブドウから作ります．白のシャンパーニュ
　　　は白ブドウと黒ブドウの両方を使って作られることが多いのですが，黒ブドウだけから作ら
　　　れることもあります．これが「ブラン・ド・ノワール」です．

※２　フランス語で「ブラン（blanc）」は「白」，「ノワール（noir）」は「黒」の意味です．

デロスの問題（立方体倍積作図問題）

昔々，ギリシャに疫病がはやりました．デロス島の人々は，「アポロンの神殿の祭壇の体積を2倍にせよ」という神託を受け取ります．そこで，大工たちは，すべての寸法を2倍にしてしまいますが……．

縦・横・高さをすべて2倍にすると，体積は8倍になります．すべての寸法を x 倍にして，体積を2倍にするためには

> $2^3 = 8$ですよね

$$x^3 = 2$$

が成り立たなければなりません．したがって

$$x = \sqrt[3]{2}$$

です．すべての寸法を $\sqrt[3]{2}$ 倍にする必要があったわけです．

この話の真偽はともかくとして，次の作図問題を**デロスの問題**といいます．

問題 4.1　デロスの問題
定規とコンパスを用いて，与えられた長さの $\sqrt[3]{2}$ 倍の長さを作図せよ．

立方体の1辺の長さを $\sqrt[3]{2}$ 倍すると，体積が2倍になることから，この問題は**立方体倍積作図問題**ともよばれます．

この問題は**三大作図不可能問題**とよばれる3つの問題の1つです．あとの2つの問題は次の通りです．

[角の三等分問題]
与えられた角の三等分を定規とコンパスで作図せよ，という問題

[円積問題]
与えられた円と面積が等しい正方形を定規とコンパスで作図せよ，という問題

結論を先にいうと，これらの作図は不可能です．

ここでは，デロスの問題について考えます．テーマ4.1で述べたように，与えられた長さの辺をもつ正五角形は作図できました．基準となる長さを1としたとき，長さ$\sqrt{5}+1$が作図できたからです．では，長さ$\sqrt[3]{2}$が作図できないのはなぜでしょうか？ これがここでのテーマです．

2nd STEP 垂線と平行線の作図

本格的な議論に入る前に，定規とコンパスによる作図について，少し補足しておきます．

⊟ 直線上の1点から垂線を引くこと

直線ℓ上に点Pがあります．Pを通り，ℓと垂直に交わる直線の作図はどうしたらよいでしょうか？ 答えは次の通りです．

- 点Pを中心とする円と直線ℓとの交点をQ, Rとします．
- 線分QRの垂直二等分線が求める直線です．

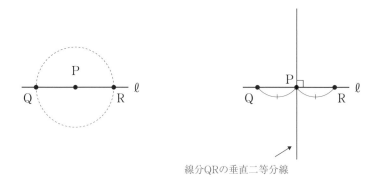

線分QRの垂直二等分線

⊟ 直線上にない点から直線に垂線を下ろすこと

　直線 ℓ と，ℓ 上にない点 P があります．点 P を通り，ℓ と垂直に交わる直線の作図はどうしたらよいでしょうか？ 答えは次の通りです．

- 点 P を中心とする円と直線 ℓ との交点を Q, R とします．
- 線分 QR の垂直二等分線が求める直線です．

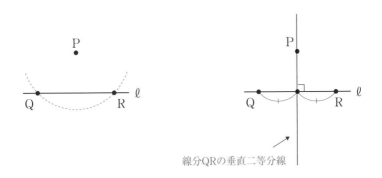

線分 QR の垂直二等分線

⊟ ある点を通り，ある直線と平行な直線を引くこと

　直線 ℓ と，ℓ 上にない点 P があります．点 P を通り，ℓ と平行な直線の作図はどうしたらよいでしょうか？ 答えは次の通りです．

- 点 P から直線 ℓ に垂線 ℓ' を下ろします．
- 点 P を通り，ℓ' に垂直に交わる直線が求めるものです．

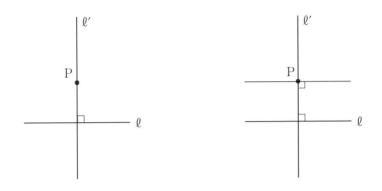

3rd STEP　定規とコンパスで「代数」しよう！

さて，ここから少しずつデロスの問題に迫っていくのですが，「できない」ことを証明するには，まず，「何ができるのか」をきちんと把握する必要があります．そこで，基準となる長さを1としたとき，どのような長さが作図できるのかを考えます．

すぐにわかりますが，長さ2, 3は作図できます．次の図のように，長さ1をコンパスで測りとり，定規で引いた直線の上にそれを並べればよいのです．

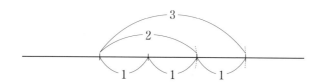

さて，これからは，「長さ2は作図可能である」というかわりに，「数2は作図可能である」，あるいは単に，「2は作図可能である」ということにしましょう．「1」が与えられたとき，「定規とコンパスで数を作る」と考えるのです．

上の考察からわかるように，2, 3, 4, ……は作図可能です．また，便宜上，0，−1，−2，……なども作図可能であると考えます．たとえば，2の長さを逆向きに測ったものを「−2」と考えるのです．

このように考えると，1が与えられたとき，すべての整数が作図可能であることがわかります．

もう少し一般的に考えます．数a, bが作図可能であるとしましょう．このとき，次の4つのこと（事実1 〜 事実4）が成り立ちます．

事実1　a, bが作図可能ならば，$a+b$も作図可能である

事実2　a, bが作図可能ならば，$a-b$も作図可能である

事実3　a, bが作図可能ならば，abも作図可能である

事実4 a, b が作図可能ならば，$\dfrac{b}{a}$ も作図可能である $(a \neq 0)$

　それでは，この4つの事実を1つずつ検証していきましょう．

事実1 a が作図可能ですので，作図によって，長さ a の線分が作れます．それをコンパスで測りとり，あらかじめ引いておいた直線 ℓ 上にその長さをうつします．同様に，長さ b もコンパスで測りとり，それを直線の上に並べます．そうすれば，$a+b$ ができますね．次の図において，$x = a+b$ です．

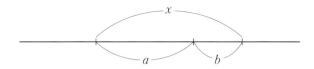

事実2 次の図のようにすれば，$y = a-b$ です．

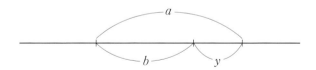

事実3 次の図のように，点Oで交わる2本の直線 ℓ_1，ℓ_2 を描きます．直線 ℓ_1 上に2点 P, Q を

$$(\text{OPの長さ}) = 1, \quad (\text{OQの長さ}) = a$$

となるようにとります．また，直線 ℓ_2 上に点 R を

$$(\text{ORの長さ}) = b$$

となるようにとり，P と R を結びます．ここで，点 Q を通り，直線 PR と平行な直線を作図し，それが ℓ_2 と交わる点を S とします．

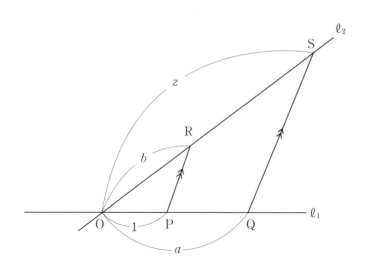

　このとき，線分OSの長さをzとすると，$z=ab$が成り立ちます．実際，三角形OPRと三角形OQSは相似ですから

$$1:b=a:z$$

が成り立ちます．内項の積と外項の積が等しいことを用いれば，$z=ab$が導かれます．確かに積abが作図できましたね．

事実4 次の図のように，点Oで交わる2本の直線 ℓ_1, ℓ_2を描きます．直線 ℓ_1上に2点P, Qを

$$(\text{OPの長さ})=1, \quad (\text{OQの長さ})=a$$

となるようにとります．また，直線 ℓ_2上に点Rを

$$(\text{ORの長さ})=b$$

となるようにとり，QとRを結びます．ここで，点Pを通り，直線QRと平行な直線を作図し，それが ℓ_2と交わる点をSとします．

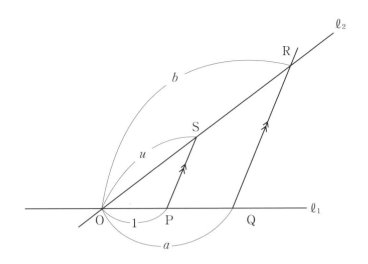

　このとき，線分OSの長さをuとすると，三角形OPSと三角形OQRが相似であることにより

$$1 : u = a : b$$

が成り立ちます．したがって，$ua = b$となり

$$u = \frac{b}{a}$$

が成り立ちます．

　こうして，作図可能な数同士の和・差・積・商もまた作図可能であることがわかりました．作図によって，加減乗除の四則演算ができるのです．まさに代数の世界ですね！

　そうなると，前に示したように，すべての整数は作図可能ですから

$$\frac{整数}{整数}$$

という形の分数も作図可能です．このような分数の形に表せる数を**有理数**とよびます．したがって，すべての有理数が作図可能であることがわかります．

: でも，四則演算だけでは，$\sqrt{5}$ みたいな数は作れないんじゃ
ないですか？

: そうね．$\sqrt{5}$ は有理数じゃないわね

4th STEP　作図可能な数の平方根は作図可能である

　作図可能な数同士の和・差・積・商が作図可能であることはすでに述べました（ 事実1 〜 事実4 ）．ここでは，次のことを示します．

事実5 　正の数 a が作図可能ならば，$\sqrt{a}$ も作図可能である

　実際，$\sqrt{a}$ は次のように作図することができます．
　次の図のように，直線 ℓ 上に3点 P, Q, R を

$$（PQ の長さ）= 1, \quad （QR の長さ）= a$$

となるように順に並べ，PR を直径とする半円を描きます．次に，Q を通り，ℓ と垂直に交わる直線がその半円と交わる点を S とします．説明の都合上，P と S，R と S をそれぞれ結んでおきます．

> PR の中点を中心として，P と R を通る半円を作図すればよいですね

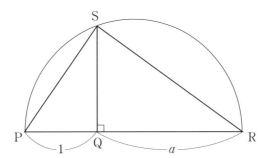

このとき，∠PSR ＝ 90°であることが知られ
ています．また，三角形PQSと三角形SQR
は相似です．実際

> 円の中心をOとするとき，三角
> 形OPSと三角形ORSの内角を
> 調べることによって証明できま
> すが，詳細は省略します

$$\angle QPS = \alpha$$

とおくと

$$\angle PSQ = 180° - \angle PQS - \angle QPS = 90° - \alpha$$
$$\angle QSR = \angle PSR - \angle PSQ = 90° - (90° - \alpha) = \alpha$$
$$\angle SRQ = 180° - \angle SQR - \angle QSR = 90° - \alpha$$

が成り立ちます．

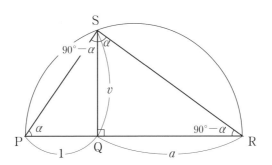

三角形PQSと三角形SQRの内角は，どちらも

$$\alpha, \quad 90°, \quad 90°-\alpha$$

となっていますね．対応する3つの角度がすべて等しいので，三角形PQS と三角形SQRは相似です．したがって

$$(\text{PQ の長さ}) : (\text{QS の長さ}) = (\text{QS の長さ}) : (\text{QR の長さ})$$

が成り立ちます．QSの長さをvとすれば

$$1 : v = v : a$$

となり，内項の積と外項の積が等しいことを用いれば

$$v^2 = a$$

より，$v=\sqrt{a}$ が得られます．

こうして，作図可能な数の平方根も作図可能であることがわかりました．まとめましょう．

有理数からはじめて，四則演算や，平方根をとる操作を何度か組み合わせて得られる数は作図可能です．

例 4.1

- $\sqrt{5}$ は作図可能です．したがって，$\sqrt{5}+1$ も作図可能です．この数が正五角形の作図のカギでした．
- たとえば，$\sqrt{\sqrt{5}+1}$ も作図可能です．
- $\sqrt{\dfrac{\sqrt{5}+\sqrt{3+\sqrt{2}}}{3}}+\sqrt{1+\sqrt{\sqrt{7}-\sqrt{3}}}$ も作図可能です．

(まとめ)

作図可能な数に関する代数的な条件を導きました．

決着は時短レシピで
── デロスの問題の否定的解決

 *Wine bar story* 🍷 **Lead Sentences**

コック・オー・ヴァンは時短レシピで

　鶏肉の煮込み料理を食べながら，モレ・サン・ドニ※1の赤ワインを飲んでいると，サンチョがやってきた．

👤：おや，今日のつまみはコック・オー・ヴァン※2ですか？

👤：そう．無理を言って，鶏肉の漬け込みや煮込みを短縮した時短レシピで作ってもらったのよ

👤：ところで，今日は「デロスの問題」が解決するんですよね？

👤：それも時短レシピでいきましょうね

1st STEP 体 ── 四則演算で閉じた集合

　根号を含んだ数の四則計算をしてみましょう．

$$\alpha = 2+\sqrt{2}\,,\quad \beta = 1-2\sqrt{2}$$

※1　フランスのブルゴーニュにある村の1つ．
※2　フランス（特にブルゴーニュ）の郷土料理．雄鶏を他の具材とともに赤ワインで煮込んだもの．

とするとき

$$\alpha + \beta = 3 - \sqrt{2}, \quad \alpha - \beta = 1 + 3\sqrt{2}$$

です. α と β の積は

$$\alpha\beta = \left(2 + \sqrt{2}\right)\left(1 - 2\sqrt{2}\right) = -2 - 3\sqrt{2}$$

となります. また, **分母の有理化**という方法を用いれば

> くわしい説明は省略します

$$\frac{1}{\alpha} = \frac{1}{2 + \sqrt{2}} = \frac{2 - \sqrt{2}}{\left(2 + \sqrt{2}\right)\left(2 - \sqrt{2}\right)} = \frac{2 - \sqrt{2}}{2} = 1 - \frac{1}{2}\sqrt{2}$$

という結果が得られます.

これらの数はすべて

$$a + b\sqrt{2} \quad (a, b \text{ は有理数}) \tag{4.1}$$

という形に表されていることに注意しましょう.

一般に, 式 (4.1) の形に表される数同士の四則演算の結果は, やはり式 (4.1) の形になります. 実際, a, b, c, d を有理数とするとき

$$\left(a + b\sqrt{2}\right) + \left(c + d\sqrt{2}\right) = (a + c) + (b + d)\sqrt{2}$$
$$\left(a + b\sqrt{2}\right) - \left(c + d\sqrt{2}\right) = (a - c) + (b - d)\sqrt{2}$$
$$\left(a + b\sqrt{2}\right)\left(c + d\sqrt{2}\right) = (ac + 2bd) + (ad + bc)\sqrt{2}$$

が成り立ちます. また, $a + b\sqrt{2} \neq 0$ のとき, 分母の有理化によって

$$\frac{1}{a + b\sqrt{2}} = \frac{a - b\sqrt{2}}{\left(a + b\sqrt{2}\right)\left(a - b\sqrt{2}\right)} = \frac{a}{a^2 - 2b^2} - \frac{b}{a^2 - 2b^2}\sqrt{2}$$

が得られます. 式 (4.1) の形に表される数の逆数もまた式 (4.1) の形ですから, 式 (4.1) の形の数同士の割り算の結果も式 (4.1) の形です.

したがって，式 (4.1) の形に表される数全体の集合を K とおくと，K に含まれる数同士の四則演算の結果がやはり K に含まれることがわかります．このようなとき，「集合 K は四則演算に関して閉じている」といいます．

> 数学では，物の集まりを「集合」(set) とよびます

数学では，四則演算に関して閉じている集合を体とよびます．

> 厳密な定義は別にありますが，ここでは省略します

例 4.2

- 有理数全体の集合は体です．この体を有理数体とよび，$\mathbb{Q}$ と表します．
- 実数全体の集合も体です．これを実数体とよび，$\mathbb{R}$ と表します．
- 上で考えたように，$a + b\sqrt{2}$ (a, b は有理数) という形の数全体の集合は体です．この体を $\mathbb{Q}(\sqrt{2})$ と表します．

  > 「有理数体 $\mathbb{Q}$ に $\sqrt{2}$ を添加した体」とよびます

- テーマ4.2で考察したように，定規とコンパスで作図可能な数同士の和・差・積・商もまた作図可能です．したがって，作図可能な数全体の集合は体です．

2nd STEP $\sqrt[3]{2}$ を含む体について

例 4.2 の 3 番目で示した体 $\mathbb{Q}(\sqrt{2})$ は，有理数をすべて含み，なおかつ $\sqrt{2}$ を含む体です．今度は，有理数をすべて含み，なおかつ $\sqrt[3]{2}$ を含む体を考えてみましょう．

以下，記号を簡単にするために

$$\alpha = \sqrt[3]{2}$$

とおきます．そして

$$a+b\alpha+c\alpha^2 \quad (a,\ b,\ c\text{は有理数}) \tag{4.2}$$

と表される数全体の集合を $\mathbb{Q}(\sqrt[3]{2})$ とおきます.

このとき, $\mathbb{Q}(\sqrt[3]{2})$ は体になっています.

このことをこれから順を追って確認します.

> ちょっと難しいので, 結論だけ知りたい場合は, 読み飛ばしてくださってかまいません

⊟ 有理数係数の多項式 ── 多項式は整数と似ている

n は0以上の整数とします.

$$f(X)=a_n X^n+a_{n-1}X^{n-1}+\cdots+a_1 X+a_0$$

($a_n,\ a_{n-1},\ ...,\ a_1,\ a_0$ は有理数, $a_n \neq 0$) という形の式を**有理数係数の多項式**とよびます.

多項式同士は, 足したり, 引いたり, かけたりすることができます. また, 多項式を多項式で割って余りを出すこともできます. そういう点では, 多項式の世界は整数の世界によく似ているのです.

さて, $f(X)$ を有理数係数の多項式とし, それを X^3-2 で割って余りを出しましょう. すると, ある有理数係数の多項式 $g(X)$ と有理数 $p,\ q,\ r$ に対して

$$f(X)=(X^3-2)g(X)+p+qX+rX^2 \tag{4.3}$$

という式が成り立ちます.

$X=\alpha$ をこの式に代入し, $\alpha^3=2$ に注意すると

$$f(\alpha)=(\alpha^3-2)g(\alpha)+p+q\alpha+r\alpha^2=p+q\alpha+r\alpha^2$$

となります. このことから, **有理数係数の多項式 $f(X)$ に $X=\alpha$ を代入した値 $f(\alpha)$ は, すべて式 (4.2) の形に表される**ことがわかります.

したがって

$$f(\alpha) \quad (f(X)\text{は有理数係数の多項式})$$

という形の数全体の集合は，実は $\mathbb{Q}(\sqrt[3]{2})$ と一致するのです．

▭ $\mathbb{Q}(\sqrt[3]{2})$ は加法・減法・乗法に関して閉じている

$\mathbb{Q}(\sqrt[3]{2})$ に属する数を2つ選びます．上で考察したように，これらは

$$f(\alpha), \quad g(\alpha)$$

という形に表されます．ここで，$f(X), g(X)$ は有理数係数の多項式です．ここで，多項式同士は，加法・減法・乗法ができることに注意すれば

$$f(\alpha)+g(\alpha), \quad f(\alpha)-g(\alpha), \quad f(\alpha)g(\alpha)$$

も $\mathbb{Q}(\sqrt[3]{2})$ に属することがわかります．

したがって，$\mathbb{Q}(\sqrt[3]{2})$ は加法・減法・乗法に関して閉じているのです．

▭ テーマ1.3の復習

では，$\mathbb{Q}(\sqrt[3]{2})$ は割り算に関して閉じているのでしょうか？　分母の有理化のようなことができればよいのですが，少し難しそうですので，ここでは別の方法を紹介します．

Chapter 1の「テーマ1.3」で述べたことを思い出しましょう．

a, b を整数とし，a と b の最大公約数を d とするとき，基本方程式 (1.6)

$$ax+by = d$$

の整数解を求めることができました．ここで大事なことは，式 (1.6) を満たす整数 x, y が存在するということです．

特に，a は素数とし，b は a で割り切れないと仮定しましょう．このとき，a, b の最大公約数は1です．したがって

$$ax+by = 1$$

を満たす整数 x, y が存在します．

> 2以上の数 a が1と a 自身のほかに正の約数をもたないとき，a は素数であるといいます

> a と b の最大公約数を d とすると，d は素数 a の約数ですので，1または a ですが，b が a の倍数でないので，$d \neq a$ です

X^3-2 は「素数」のようなものである

X^3-2 は有理数係数の多項式の積には分解でき
ません．というのも，仮に分解できたとすると，
それは，次のような1次式と2次式の積の形にな
るはずです．

> このような多項式を既約
> 多項式とよびます

$$X^3-2 = (aX+b)(pX^2+qX+r) \quad (a, b, p, q, r は有理数)$$

このとき，$-\dfrac{b}{a}$ は方程式 $X^3-2=0$ の1つの解であり，これは有理数で
す．ところが，$X^3-2=0$ の実数解は $\sqrt[3]{2}$ だけであり，しかも，それは有理
数ではありません．ですから，このようなことは
起こらないのです．

> くわしい説明はここでは
> 省略します

「これ以上分解しない」という意味で，X^3-2 は素数とよく似ています．

$\mathbb{Q}(\sqrt[3]{2})$ は体である

$\mathbb{Q}(\sqrt[3]{2})$ が加法・減法・乗法について閉じていることは，すでに示しまし
た．ここでは，$\mathbb{Q}(\sqrt[3]{2})$ に属する数の逆数が，やはり $\mathbb{Q}(\sqrt[3]{2})$ に属することを
証明します．このことが証明できれば，$\mathbb{Q}(\sqrt[3]{2})$ が体であることがわかります．

いま，有理数係数の多項式 $f(X)$ が X^3-2 で割り切れない，つまり，$f(\alpha)$
が0ではないと仮定しましょう．X^3-2 は「素数のようなもの」ですので，
X^3-2 と $f(X)$ は「互いに素」です．したがって

$$(X^3-2)g(X)+f(X)h(X) = 1$$

を満たす有理数係数の多項式 $g(X)$，
$h(X)$ が存在します．ここで，この
式に $X=\alpha$ を代入し，$\alpha^3=2$ に注意
すると

> くわしくは述べませんが，多項式を成分に
> もつ行列の基本変形と，多項式に対する
> 「ユークリッドの互除法」を組み合わせた
> 「ハイブリッド方式」によって，$g(X)$, $h(X)$
> を求めることができます

$$f(\alpha)h(\alpha) = 1$$

が成り立つことがわかります．これは

$$\frac{1}{f(\alpha)} = h(\alpha)$$

と書き換えられますね．

　このことは，$\mathbb{Q}(\sqrt[3]{2})$ に含まれる数 $f(\alpha)$ の逆数 $\dfrac{1}{f(\alpha)}$ が $h(\alpha)$ という形に表

され，やはり $\mathbb{Q}(\sqrt[3]{2})$ に含まれることを意味します．

　以上のことから，$\mathbb{Q}(\sqrt[3]{2})$ は体であることがわかります．

　　　　　　　　　　Wine bar story　Take a Break

　　:「時短」にしては長かったですね．Chapter 1の復習も出てき
　　　て……．それから，X^3-2 が「素数のようなもの」である，
　　　というあたりが，何となくだまされた気がします

　　:だから，そこが「時短」なのよ．でも，このレシピを使って
　　　自分で工夫すれば，本格的な料理ができるはずよ

3rd STEP　数の世界の広がり ── 体の拡大次数

　いままで，「作図」を代数的に考えてきましたが，今度は，数の世界を幾
何学的に考えることにします．ここで述べることが，「デロスの問題」の解
決のカギとなります．

　ここでも厳密な論証は避け，直観的な「時短レシピ」を書きます．

▱ 平面や空間の次元

　よく，「平面は2次元である」などとといわれます．また，「我々を取り巻
く空間は3次元である」ともいわれます．座標の考え方を用いて，このこと

を直観的に説明しましょう.

座標平面にはx軸とy軸があって,2つの数(座標)を組み合わせて1つの点を表します.したがって,平面は2次元の世界であると考えられるわけです.

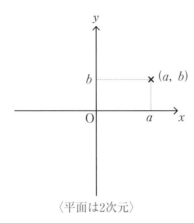

〈平面は2次元〉

一方,xyz空間内の点を表すには3つの座標が必要です.したがって,このような空間は3次元であると考えられます.

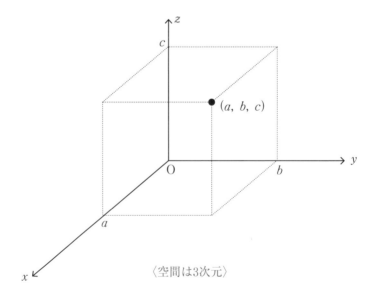

〈空間は3次元〉

⊡ $\mathbb{Q}$ から見ると，$\mathbb{Q}(\sqrt{2})$ は2次元，$\mathbb{Q}(\sqrt[3]{2})$ は3次元である

有理数体 $\mathbb{Q}$ も $\mathbb{Q}(\sqrt{2})$ も体ですが，$\mathbb{Q}(\sqrt{2})$ は $\mathbb{Q}$ を含むの
で，$\mathbb{Q}(\sqrt{2})$ は $\mathbb{Q}$ を拡大した体であると考えられます．

[例4.2] 参照

$\mathbb{Q}(\sqrt{2})$ に属する数は，2つの有理数 a, b を用いて

$$a+b\sqrt{2}$$

と表されます．2つの有理数 a, b を決めれば，$\mathbb{Q}(\sqrt{2})$ に属する数が1つ定ま
ります．これは，2つの数を用いて座標平面上の点を表す状況とよく似てい
ます．そこで，「$\mathbb{Q}$ から見ると，$\mathbb{Q}(\sqrt{2})$ は2次元である」と考えることにし
ます．

では，$\mathbb{Q}$ から見たとき，$\mathbb{Q}(\sqrt[3]{2})$ は何次元でしょうか？

$\alpha = \sqrt[3]{2}$ とするとき，$\mathbb{Q}(\sqrt[3]{2})$ に属する数は，3つの有理数 a, b, c を用いて

$$a+b\alpha+c\alpha^2$$

と表されます．したがって，$\mathbb{Q}$ から見ると，$\mathbb{Q}(\sqrt[3]{2})$ は3次元であると考えら
れますね．

なお，厳密にいえば，$\mathbb{Q}(\sqrt[3]{2})$ に属する数を表すのに，「本当に3つの有理
数 a, b, c が必要か？」ということを考える必要があります．

たとえば，もし，α^2 が有理数 p, q を用いて

$$\alpha^2 = p+q\alpha$$

と表されたならば，$\mathbb{Q}(\sqrt[3]{2})$ に属する数を表すのに，有理数は2個で十分だ
ということになりますが，実際にはそういうことは起こりません．くわしく
は述べませんが，このことは，「X^3-2 が有理数係数の多項式の積には分解
しない」という事実から導かれます．

⊡ 拡大体と拡大次数

一般に，体 L が体 K を含んでいるとき，L は K の拡大体である，といいま
す．厳密な定義は述べられませんが，K から見て L が n 次元であるとき，L

はKのn次拡大体である，といいます．また，このときのnを拡大次数とよびます．

したがって，$\mathbb{Q}(\sqrt{2})$は$\mathbb{Q}$の2次拡大体であり，$\mathbb{Q}(\sqrt[3]{2})$は$\mathbb{Q}$の3次拡大体である，ということになります．

体Lが体Kの拡大体であるとき，その拡大次数は，Kから見たLの広さを表している，と考えられます．拡大次数が大きければ大きいほど，Lは「広い」のです．

⊟ m次拡大のn次拡大はmn次拡大である

体Kが体Fの拡大体であり，体Lが体Kの拡大体である，という状況を考えましょう．

> 「$F \subset K$」という記号は，「FがKに含まれる」という意味です

$$F \subset K \subset L$$

このとき，次の定理が成り立ちます．

定理 4.2

KがFのm次拡大体であり，LがKのn次拡大体であるならば，LはFのmn次拡大体である．

この定理の厳密な証明は省き，感覚的な説明をします．

たとえば，LがKの2次拡大体であるとすると，Lに属する数は，Kに属する2個の数を用いて表されます．イメージとしては

$$\boxed{K}, \boxed{K}$$

という感じです．$\boxed{K}$の中にはKに属する数が入ります．

また，KがFの3次拡大体であるとすると，Kに属する数は

$$\boxed{F}, \boxed{F}, \boxed{F}$$

というイメージで表されます. $\boxed{F}$ の中には F に属する数が入ります.

　この場合, L に属する数は K に属する2個の数を用いて表され, その2個の数それぞれが F に属する3個の数を用いて表されるので, 結局, L に属する数は, F に属する6個の数を用いて表されることになります.

$3 \times 2 = 6$ です

$$\boxed{\boxed{F},\boxed{F},\boxed{F}}, \boxed{\boxed{F},\boxed{F},\boxed{F}}$$

　したがって, F から見ると, L は6次元であると考えられます. つまり, L は F の6次拡大体です.

　定理4.2が成り立つ理由が何となくわかるでしょう?

Wine bar story 🍷 **Take a Break**

：先生, ちょっと不満そうな顔をしていますね

：もっときちんと説明したい……

：でも, いまの説明でわかったような気がしますよ

：そういうのがいちばん嫌いなのよ!

：「時短レシピを作らされたシェフ, 地団駄を踏む」の図……

4th STEP　デロスの問題の否定的解決

　さあ, そろそろデロスの問題に決着をつけましょう.

▣ 作図可能な数についての時短的考察

　有理数からはじめて, 四則演算や, 平方根をとる操作を何度から組み合わせて得られる数は作図可能でした. 実は, 作図可能な数は, そのようなものに

限られることがわかっています．このこともまた，「時短」で説明しましょう．

　定規は直線を引き，コンパスは円を描くので，結局，作図は直線や円を描いて，それらの交点をとる，という作業のくり返しです．

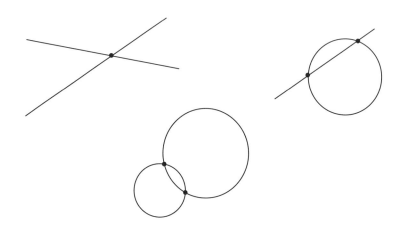

　直線は1次方程式，円は2次方程式で表されます．直線同士の交点は，連立1次方程式を解くことによって求められますが，連立1次方程式は四則演算によって解くことができます．

　直線と円の交点は，1次式と2次式を連立させて解くことによって求められますが，その計算は結局，2次方程式を解くことに帰着します．2次方程式の解の公式からもわかるように，それは四則演算と平方根をとる操作を組み合わせることによって求められます．

　2つの円の交点はどうでしょうか？　これは次の2つの形の方程式を連立させて解くことによって求められます．

$$(x-a)^2 + (y-b)^2 = c \tag{4.4}$$

$$(x-d)^2 + (y-e)^2 = f \tag{4.5}$$

　ここで，式(4.4)から式(4.5)を辺々引くと，1次式が導かれます．このことに注意すると，2つの円の交点もまた，四則演算と平方根をとる操作を組

み合わせることによって求められることがわかります.

　結局，定規とコンパスを使う作図は，四則演算と平方根をとる操作のくり返しにほかならないのです.

> あまりきちんとした説明にはなっていないのですが，このくらいにしておきます

⊟ 平方根を付け加えた拡大体は2次拡大体である

　Kを体とし，Kに属する数Dの平方根$\sqrt{D}$を考えましょう. ここで，$\sqrt{D}$はKには属さないとします. Kに属する数や$\sqrt{D}$を使って，四則演算を組み合わせてできる数全体は体になります. この体を$K(\sqrt{D})$と書きます. 実は，$K(\sqrt{D})$に属する数は

$$a + b\sqrt{D} \quad (a, b\text{は}K\text{に属する数})$$

と表されます. したがって，$K(\sqrt{D})$はKの2次拡大体です.

> $\mathbb{Q}(\sqrt{2})$についての考察と同様に示すことができます

⊟ 背理法による不可能の証明

　次の定理を証明します.

> **定理 4.3**
>
> 有理数からはじめて，四則演算や平方根をとる操作をくり返しても，$\sqrt[3]{2}$を作ることはできない.

　四則演算や平方根をとる操作をくり返して$\sqrt[3]{2}$を作ることができたとしましょう. ある有理数D_1の平方根$\sqrt{D_1}$をとり，有理数と$\sqrt{D_1}$を用いて四則演算をくり返して得られる数は，体$\mathbb{Q}(\sqrt{D_1})$に属します. いま

$$K_0 = \mathbb{Q}, \quad K_1 = \mathbb{Q}(\sqrt{D_1})$$

とおくと，K_1はK_0の2次拡大体です (ただし，$\sqrt{D_1}$は有理数ではないと仮定します).

さらに，K_1 に属する数 D_2 の平方根 $\sqrt{D_2}$ をとり，K_1 に属する数と $\sqrt{D_2}$ を用いて四則演算をくり返して得られる数は，体 $K_1(\sqrt{D_2})$ に属します．ここで

$$K_2 = K_1(\sqrt{D_2})$$

とおくと，K_2 は K_1 の 2 次拡大体です（ただし，$\sqrt{D_2}$ は体 K_1 に属さないと仮定します）．

このような操作をくり返して $\sqrt[3]{2}$ が作れたとすると，体の拡大の列

$$(\mathbb{Q} =)K_0 \subset K_1 \subset K_2 \subset \cdots \subset K_N$$

ができ，最後の K_N が $\sqrt[3]{2}$ を含む，という状況になっています．このとき，K_1 は $K_0 (= \mathbb{Q})$ の 2 次拡大体，K_2 は K_1 の 2 次拡大体……となっていますから，K_N は $\mathbb{Q}$ の 2^N 次拡大体です． 定理4.2参照

さて，K_N は体ですので，四則演算に関して閉じています．K_N は $\sqrt[3]{2}$ を含み，有理数をすべて含むので

$$a + b\alpha + c\alpha^2 \quad (\alpha = \sqrt[3]{2}, a, b, c \text{は有理数})$$

という形の数をすべて含むことになります．このことは，K_N が $\mathbb{Q}(\sqrt[3]{2})$ を含むことを意味します．すると，次のような体の拡大の列ができます．

$$\mathbb{Q} \subset \mathbb{Q}(\sqrt[3]{2}) \subset K_N$$

したがって，K_N は $\mathbb{Q}(\sqrt[3]{2})$ の拡大体ですが，その拡大次数を d としましょう．すでに，$\mathbb{Q}(\sqrt[3]{2})$ が $\mathbb{Q}$ の 3 次拡大体であることはわかっていますので，再び定理4.2を用いれば，K_N が $\mathbb{Q}$ 3rd STEP参照 の $3d$ 次拡大体である，という結論に至ります．

しかし，これはおかしいのです．

$$2^N = 3d$$

を成り立たせるような整数 N, d は存在しません。2^N はけっして3の倍数にはならないのですから。

「四則演算や平方根をとる操作をくり返して $\sqrt[3]{2}$ を作ることができた」という仮定のもとに話を進めてきましたが、矛盾が生じてしまいました。ということは、そもそもの仮定が成り立たないことを意味します。つまり、四則演算や平方根をとる操作をくり返しても $\sqrt[3]{2}$ を作ることができないことが証明できました。

定理4.3から、デロスの問題の否定的解決が導かれます。定規とコンパスを用いて、$\sqrt[3]{2}$ を作図することはできないのです！

今回の定理4.3の証明は、「仮に結論が成り立たないとしたら、おかしなことになる。だから、結論が成り立つ」という論法を用いています。このような論法を**背理法**といいます。

Wine bar story **Ending**

フォアグラとトカイ・アスーで体の拡大？

　私とサンチョは，フォアグラ※1をつまみにして，トカイ・アスー※2を飲んでいた．

:デロスの問題ですが，アポロンって，意地悪ですよね．「できない」ことを「やれ」という神託を下すんですから．……今回は「体の拡大」という考え方が面白かったです

:体の拡大を代数方程式や群論と関連付けた理論をガロア理論といい，これを使うと，5次方程式が解の公式をもたないという「アーベルの定理」（定理3.2）を証明したり，「角の三等分問題」が不可能であることを示したりできるのよ

:ところで，四則演算で閉じた集合をどうして「体^{たい}」というんですか？

:あたしにもよくわからない．英語では「field」．これは「野原」という意味よね．ドイツ語やフランス語では「体^{からだ}」という意味の「Körper」，「corps」が使われています

:それにしても，今回の話は難しかったから，おなかがすきましたよ．フォアグラ，もう1つ食べたいな

:フォアグラを食べすぎると，あんた自身が肥大するわよ

:わあー．それじゃあ，「体^{たい}の拡大」じゃなくて，「体^{からだ}の拡大」だー！

※1　キャビア，トリュフと並ぶ世界三大珍味の1つ．アヒルやガチョウに大量の餌を与え，肝臓を肥大させて作る．

※2　ハンガリーのトカイやその近郊で作られる甘口のデザートワイン．

Chapter 5

暗号の代数学
―フェルマの小定理とRSA暗号

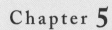

数あてゲームを1つ紹介し，そのゲームがフェル
マの小定理という数学の定理を利用していること
を述べます．また，RSA暗号とよばれる暗号の仕
組みが，やはりフェルマの小定理の応用であるこ
とを述べます．最後に，フェルマの小定理を証明
し，それに関連した抽象的な代数学の話題にも触
れます．

Wine bar story
エルミタージュは
最終章の入り口

　コート・デュ・ローヌ^{※1}の赤ワインとジビエ料理とのマリアージュを楽しんでいると，サンチョがカウンターの下から顔を出した．

:えへへ，さっきからぼくが隠れていること，気づきました？

:子供みたいなことをしてないで，質問があるなら，さっさとしたら？

:まったく，ノリが悪いんだから……．今度，甥に会うんですけど，その甥をびっくりさせる数学の手品みたいなものを教えていただけたら，とってもうれしいなあ，なんて……

:そうねえ……．数あてゲームと暗号の話でもしましょうか

:是非お願いします．……それにしても，先生，いつもおいしそうにワインを飲みますね．今日のワインは何です？

:エルミタージュ^{※2}．「隠れ家」という名のワインね

※1　南フランスのローヌ川流域のワイン産出地域．

※2　コート・デュ・ローヌの中でも最も高品質なワインの1つ．会話の中にもあるように，「エルミタージュ」には「隠れ家」の意味もあります．

隠れた数を言い当てろ
── 不思議の国の数あてゲーム

ルール説明

ここでは，数あてゲームをします．遊び方は，次の通りです．

遊び方

- Aさんが思い浮かべた数をBさんが当てるゲームです．
- Aさんは1から10までの整数を1つ思い浮かべます．その数をaとしますが，Bさんには伝えません．
- a^7を11で割ったときの余りをbとします．Aさんは，その数bだけをBさんに伝えます．
- Bさんは，bを聞いて，aを当てます．

「a^7を11で割った余り」の計算ですが，実際にa^7を計算するのはたいへんです．そこで，次の例のように，aを順次かけていって，その都度11で割って余りを出す，という方法をとります．

> **例 5.1**
>
> $a = 5$として，実際にbを計算してみましょう．

- $5 \times 5 = 25$ですが

$$25 \div 11 = 2 \quad 余り 3$$

です.

- $5^3 = 5^2 \times 5$ ですが,「5^2」を上で求めた余りの「3」に置き換え,それを5倍してから11で割って余りを出します.

$$3 \times 5 = 15, \quad 15 \div 11 = 1 \quad 余り 4$$

5^3 を11で割った余りは4であることがわかります.

- $5^4 = 5^3 \times 5$ ですが,「5^3」を余りの「4」で置き換え,それを5倍してから11で割って余りを出します.

$$4 \times 5 = 20, \quad 20 \div 11 = 1 \quad 余り 9$$

- 同様の計算を続けていくと,$b = 3$ であることがわかります.

計算の様子を下に示します.

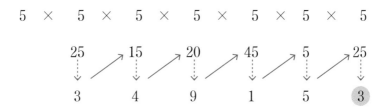

左から2番目の「5」の下に「25」と書き,それを11で割った余りの「3」をその下に書きます.それを5倍した数「15」をその右上に書き,15を11で割った余り「4」をその下に書く,という具合に続けていって,最終的に3が得られています.

Bさんは,この「3」という数を聞いて,Aさんが「5」を思い浮かべたこと

を当ててみせる, というわけです.

Wine bar story **Take a Break**

- ：ぼくも計算してみました. $b = 9$ になりました
- ：ああそう……. $b = 9$ ね. $b = 9$ ということは……. $a = 3$ ね？
- ：答えを出すまでの妙な間が気になりますが, 当たりです

2nd STEP 余った物を大切に ── 合同式

Bさんがどのようにして A さんの思い浮かべた数を知ったのかを述べる前に, 「合同式」について説明します.

36 と 21 をそれぞれ 5 で割って, 余りを出してみましょう.

$$36 \div 5 = 7 \quad 余り 1$$
$$21 \div 5 = 4 \quad 余り 1$$

どちらも余りが 1 です. 5 で割ったときの余りが等しいので, 36 と 21 は, ある意味で「仲間」だということができます. このことを

$$36 \equiv 21 \quad (\text{mod } 5)$$

と表します. このことは, 「36 と 21 の差が 5 の倍数である」と解釈することもできます.

一般に, x, y を整数とし, m を 2 以上の整数とします. $x - y$ が m の倍数であるとき, x と y は「m を法として合同である」といい

$$x \equiv y \pmod{m} \tag{5.1}$$

と表します．このような式を**合同式**とよびます．ただし

$$0, -m, -2m, \ldots$$

なども m の倍数と考えます．したがって，式 (5.1) が成り立つとき，ある整数 q に対して

$$x - y = qm$$

が成り立つことになります．ここで，q は 0 でも負でもよいわけです．

たとえば

$$25 \equiv 11 \pmod 7, \quad 16 \equiv 13 \pmod 3$$

などの合同式が成り立ちます．

ここで，合同式の持つ大切な性質について述べます．

m は 2 以上の整数とし，整数 x, x', y, y' が

$$x \equiv x' \pmod m, \quad y \equiv y' \pmod m$$

を満たすとします．このとき，次の 3 つの合同式が成り立ちます．

1 $x + y \equiv x' + y' \pmod m$

2 $x - y \equiv x' - y' \pmod m$

3 $xy \equiv x'y' \pmod m$

つまり，2 つの合同式を辺々加えても，引いても，かけても，やはり合同式が成立するのです．

では，なぜこの 3 つの式が成り立つのでしょうか？

x と x' が m を法として合同ですので，ある整数 q に対して

$$x - x' = qm$$

が成り立ちます．このとき

$$x = x' + qm$$

が得られます．同様に，y と y' が m を法として合同ですので，ある整数 r に対して

$$y = y' + rm$$

が成り立ちます．

すると，このとき，計算の過程は省略しますが

$$(x+y)-(x'+y')=(q+r)m$$
$$(x-y)-(x'-y')=(q-r)m$$
$$xy-x'y'=(qy'+rx'+qrm)m$$

が得られます．これらの式の右辺はすべて m の倍数ですので，合同式 **1**，**2**，**3** が成り立つのです．

特に，合同式 **3** に注目しましょう．数あてゲームで，a^7 を 11 で割った余りを計算するにあたって，「a を順次かけていって，その都度 11 で割った余りを出す」という方法をとりましたが，その方法で正しい答えが出ることが，合同式 **3** を用いて説明できます．

たとえば，$5^2 (= 25)$ を 11 で割った余りは 3 です．そこで

$$5^2 \equiv 3 \pmod{11}$$
$$5 \equiv 5 \pmod{11}$$

という 2 つの合同式を辺々かけ合わせると

$$5^3 \equiv 15 \equiv 4 \pmod{11}$$

が得られます．さらに，2 つの合同式

$$5^3 \equiv 4 \pmod{11}$$
$$5 \equiv 5 \pmod{11}$$

という2つの合同式を辺々かけ合わせると

$$5^4 \equiv 20 \equiv 9 \pmod{11}$$

が得られます.

3rd STEP　種明かし ── それでも謎は残る

　数あてゲームで，Bさんはどのようにして数を当てたのでしょうか？ その種明かしをします.

　実は，b^3を11で割ったときの余りを求めたのです.

> **例 5.2** 〔例5.1参照〕
>
> $a = 5$のとき，$b = 3$でした．それでは，実際にb^3を11で割った余りを計算してみましょう.

$$3 \quad \times \quad 3 \quad \times \quad 3$$

$$9 \qquad\qquad 27$$
$$\downarrow \qquad\qquad \downarrow$$
$$9 \qquad\qquad 5$$

b^3を11で割った余りが5となりました．確かにaの値と一致しています.

> **例 5.3**
>
> $a = 3$とします．bを求めてから，b^3を11で割った余りを計算してみましょう.

　$a = 3$のとき，$b = 9$です.

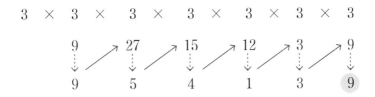

では，b^3 を 11 で割った余りを求めてみましょう．

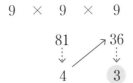

b^3 を 11 で割った余りは 3 です．やはり a の値に一致しています．

　合同式を使って，a と b の関係を表してみましょう．

　数あてゲームで，A さんは a^7 を 11 で割った余りを b としました．このとき，次の合同式が成り立ちます．

$$a^7 \equiv b \pmod{11} \tag{5.2}$$

　次に，B さんは b^3 を 11 で割った余りを求めました．実はこれが a と一致するのです．したがって

$$b^3 \equiv a \pmod{11} \tag{5.3}$$

が成り立つ，ということになります．

　なぜこのようなことが成り立つのでしょうか？ 不思議ですね．

　種明かしをしても，謎はまだ残っています．

4th STEP フェルマの小定理

合同式 (5.2) を辺々3乗してみましょう.

$$(a^7)^3 \equiv b^3 \pmod{11}$$

という合同式が得られますね. 左辺は a を7乗したものをさらに3乗しているので, それは a^{21} と等しくなります.

$$(a \times a \times a \times a \times a \times a \times a)$$
$$\times (a \times a \times a \times a \times a \times a \times a)$$
$$\times (a \times a \times a \times a \times a \times a \times a)$$
$$= a^{21}$$

一方, 式 (5.3) によれば, 右辺の b^3 は11を法として a と合同です. したがって, 式 (5.3) が正しいとすれば

$$a^{21} \equiv a \pmod{11} \tag{5.4}$$

が成り立つことになります.

では, a^{21} は本当に11を法として a と合同なのでしょうか? たとえば, $a = 2$ として, $a^2, a^3, \ldots$ を11で割った余りを計算していきましょう.

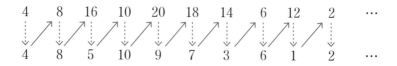

2^{11} を11で割った余りまで計算してみましたが, 途中, 2を10回かけたところに「1」が出てきていることに注意しましょう. これは, 次の合同式が成

り立つことを意味します.

$$2^{10} \equiv 1 \pmod{11} \tag{5.5}$$

そこで，この式を辺々2乗すると，左辺は

$$(2^{10})^2 = 2^{20}$$

ですので

$$2^{20} \equiv 1 \pmod{11}$$

が成り立つことがわかります．さらにこの式の両辺を2倍すると

$$2^{21} \equiv 2 \pmod{11}$$

が得られます．これは，合同式 (5.4) において，$a = 2$ とおいたものですね！

ここまでの話のカギは合同式 (5.5) であったことに注意してください．実は，**フェルマの小定理**とよばれる次の定理が成り立ちます．この定理こそ，この数あてゲームの謎を解くカギなのです.

> **定理 5.1** **フェルマの小定理**
>
> p は素数とし，整数 a は p の倍数でないとする．このとき，次の合同式が成り立つ.
>
> $$a^{p-1} \equiv 1 \pmod{p} \tag{5.6}$$

フェルマの小定理の証明は後のテーマで与えます.

フェルマの小定理において，$p = 11$ とおけば，1から10までの整数 a に対して

$$a^{10} \equiv 1 \pmod{11} \tag{5.7}$$

が成り立つことがわかります．そこで，合同式 (5.7) を辺々2乗すると

$$a^{20} \equiv 1 \pmod{11}$$

が得られ，さらに両辺に a をかけると

$$a^{21} \equiv a \pmod{11}$$

が得られます．この合同式を用いることにより

$$b \equiv a^7 \pmod{11}$$

ならば

$$b^3 \equiv a^{21} \equiv a \pmod{11}$$

が成り立つことがわかります．

　こうして，A さんの思い浮かべた数を B さんが当てる数あてゲームのメカニズムが解明されました．

（ まとめ ）

数あてゲームを1つ紹介し，そのメカニズムにフェルマの小定理が中心的な役割を果たしていることを説明しました．

RSA暗号と数あてゲーム とフェルマの小定理

いつものバーで，いつもの奴

- ：マスター，いつもの奴ちょうだい
- ：「いつもの奴」じゃ、わからないでしょう
- ：わかるひとにはわかるんですよ．だって，今日のテーマは
  ……
- ：暗号！

1st STEP 数あてゲームは暗号だ！

　Aさんがある情報をBさんに伝えたいとします．ところが，直接その情報を伝えてしまうと，途中で誰かに傍受される危険性があります．そこで使われるのが暗号です．

　Aさんは，伝えたい情報を別の形に変換します．このことを**暗号化**といいます．暗号化された情報は，第三者に盗まれたとしても，読み取られないので，安全です．そして，Aさんから暗号化された情報を受け取ったBさんは，それをもとの情報に変換します．つまり，暗号を読み解くのです．このことを**復号**とよびます．こうして，情報は安全にAさんからBさんに届けられるわけです．

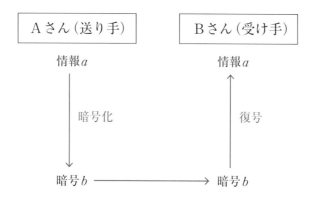

A さん（送り手）	B さん（受け手）
情報 a	情報 a

ところで，この図式は，テーマ5.1の数あてゲームの図式とそっくりですね．

A さんが数 a を思い浮かべて，a^7 を11で割った余り b を計算しました．これが「暗号化」です．そして，b を受け取った B さんは，b^3 を11で割った余りを計算することによって，a に戻しました．これが「復号」です．つまり，テーマ5.1の数あてゲームは，暗号システムそのものだったのです．

2nd STEP　フェルマの小定理の一般化

もちろん，テーマ5.1の数あてゲームは単純すぎて，実際の暗号としては使えません．ここでは，**RSA暗号**とよばれる実際の暗号の仕組みを紹介します．

> 「RSA暗号」という名前は，3人の発明者リベスト（R.Rivest），シャミア（A.Shamir），エーデルマン（L.Adleman）の頭文字をつなげたものです

テーマ5.1の数あてゲームではフェルマの小定理を用いましたが，RSA暗号では，フェルマの小定理を少し一般化した次の定理を用います．

> **定理 5.2**
>
> p, q は異なる素数とし，整数 a は p の倍数でも q の倍数でもないとする．このとき，合同式
> $$a^{(p-1)(q-1)} \equiv 1 \pmod{pq} \tag{5.8}$$
> が成り立つ．

フェルマの小定理を用いて，定理5.2が成り立つことを確かめてみましょう．

p は素数であり，a は p の倍数でないので，フェルマの小定理により

$$a^{p-1} \equiv 1 \pmod{p}$$

が成り立ちます．この合同式を辺々 $(q-1)$ 乗すると

$$a^{(p-1)(q-1)} \equiv 1 \pmod{p}$$

が得られますが，これは

$$a^{(p-1)(q-1)} - 1$$

が p の倍数であることを意味します．

一方，p と q の役割を入れかえて考えれば，$a^{(p-1)(q-1)} - 1$ が q の倍数であることもわかります．$a^{(p-1)(q-1)} - 1$ は p の倍数でもあり，q の倍数でもあるので，pq の倍数です．すなわち

$$a^{(p-1)(q-1)} \equiv 1 \pmod{pq}$$

が成り立つのです．

3rd STEP　RSA暗号の仕組み

それでは，RSA暗号の仕組みを説明しましょう．

p, qは異なる素数とし，正の整数m，N，k，r，sの間には次のような関係が成り立っているとします．

$$m = pq$$
$$N = k(p-1)(q-1)+1 = rs$$

また，aは1以上pq以下の整数であって，pの倍数でもqの倍数でもないとします．

いま，送り手のAさんがaという数を受け手のBさんに届けたいとします．このとき，次のような手順を踏みます．

1　Aさんは，a^rをmで割った余りを求めます．その余りをbとします（暗号化）．

2　AさんからBさんに数bを送ります．

3　Bさんは，b^sをmで割った余りを求めます．これが実はもとの数aと一致するのです（復号）．

このような暗号がRSA暗号です．それでは，実際に，このような方法で正しく数aを送ることができることを確かめましょう．

1によれば，次の合同式が成り立ちます．

$$b \equiv a^r \pmod{m}$$

この式を辺々s乗すると

$$b^s \equiv a^{rs} \pmod{m} \tag{5.9}$$

となりますが, 右辺は

$$a^{rs} = a^N = a^{k(p-1)(q-1)+1} = (a^{(p-1)(q-1)})^k \cdot a \tag{5.10}$$

です.

一方, 定理 5.2 によれば

$$a^{(p-1)(q-1)} \equiv 1 \pmod{m}$$

が成り立ちます. この式を辺々 k 乗すると

$$(a^{(p-1)(q-1)})^k \equiv 1 \pmod{m}$$

となります. さらに両辺を a 倍すれば

$$(a^{(p-1)(q-1)})^k \cdot a \equiv a \pmod{m} \tag{5.11}$$

が成り立つことがわかります.

3つの式 (5.9), (5.10), (5.11) をあわせれば

$$b^s \equiv a \pmod{m}$$

が得られます.

こうして, B さんが正しく a を受け取れることが確認できました. テーマ 5.1 の数あてゲームのメカニズムとほとんど同じですね!

Wine bar story ｜ Take a Break

🍷：なんか, テーマ 5.1 の数あてゲームより面倒になりましたね.
　　どうしてわざわざ面倒にしなくちゃいけないんですか？

🍷：もちろん, 簡単に解読されないようにするためよ

素因数分解は難しい
― RSA暗号のセキュリティー

RSA暗号の仕組みをもう1度おさらいします.

$$m = pq$$
$$N = k(p-1)(q-1)+1 = rs$$

を満たすデータがありました. 送り手は, 伝えたい情報aに対して

$$b \equiv a^r \pmod{m}$$

を満たすようにbを作りました(暗号化). 受け手は

$$b^s \equiv a \pmod{m}$$

という式によってaを得ました(復号).

ここで, 暗号化に必要なデータは, m, rです. このデータは実は秘密ではありません. たとえば, 不特定多数の端末から回線を通じてホストコンピュータにデータを送るような状況のとき, 複数の端末で暗号化ができるようにしておかなければなりません. ですから, mやrは秘密でないほうが望ましいのです. 暗号を作る鍵が公開されている(秘密ではない)という意味で, このような暗号は**公開鍵暗号**とよばれます.

一方, 復号に必要なデータはm, sです. mはすでに公開されていますが, sは絶対に秘密です. sは復号のためのカギです. sを知ってしまえば暗号が解読できてしまいますので, それは秘密なのです.

そうなると, Nも秘密にしておかなければなりません. なぜなら, Nとrがわかってしまうと

$$s = \frac{N}{r}$$

という式によって, sがわかってしまいますので, それは避けなければならないのです.

　では，p, q はどうでしょう？

　m はすでに公開されていますから，p，q の一方がわかってしまうと，もう一方もわかります．すると

$$(p-1)(q-1)$$

もわかります．k は秘密なのですが，N の値が r の倍数になるような k の値を順次求めていくと，それほどの手数をかけずに，N の正しい値にヒットする可能性が出てきます．ところが，N は秘密でなければならないので，それは困るのです．

　そういうわけで，p, q は秘密にしておく必要があります．

　整理しましょう．色付き文字のデータは秘密のデータ，黒文字のデータは公開されたデータを表すことにしましょう．それらの間に次のような関係が成り立っていることになります．

$$m = pq$$
$$N = k(p-1)(q-1)+1 = rs$$

　ここで，最初の式「$m = pq$」に着目しましょう．「m は公開されているのに，p, q は秘密」ということになります．そんなことが可能なのでしょうか？

　たとえば，$m = 6$ の場合は，$m = pq$ を満たす素数 p，q の組み合わせは

$$(p, q) = (3, 2), (2, 3)$$

のどちらかだということがすぐにわかってしまいます．それでは困りますね．

　それでは，$m = 108331$ の場合はどうでしょうか？　$m = pq$ を満たす素数 p，q を見つけてみてください．

　そう簡単には見つからないでしょうが，がんばれば

$$108331 = 127 \times 853$$

という分解が見つかるかもしれません．127 と 853 はどちらも素数です．このように，素数の積に分解することを**素因数分解**といいますが，m が大きく

なると，その素因数分解は格段に難しくなります．

　m が50桁くらいになると，手計算で素因数分解を実行するのは，まず無理でしょうね．

　そして，m が1000桁くらいの大きさになると，いまのところ，素因数分解は事実上不可能なのだそうです．そうなると，m を公開しても，p や q は秘密のままに保たれますね．

　これが RSA 暗号のセキュリティーの根拠です．ひと言でいえば

大きな数の素因数分解は難しい！

ということなのです．

（ **まとめ** ）

> RSA 暗号のメカニズムに，フェルマの小定理を一般化した定理が関わっていることを示しました．また，RSA 暗号のセキュリティーが「素因数分解の難しさ」に立脚していることを述べました．

最後の授業
── フェルマの小定理の証明と代数学

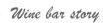 *Wine bar story* Lead Sentences

最後のお酒はXYZ

🖤 : おや，先生．めずらしくカクテルを飲んでいるんですね

🖤 : 甥っ子さんに数あてゲームをやってみせた反応はどうだった？

🖤 : 面白いと言ってくれました．でも，フェルマの小定理を証明してくれ，と言ってきかないんです

🖤 : 将来有望な甥っ子さんね．大切にしなさいよ

🖤 : ……急にどうしたんです？

🖤 : このカクテルはね，ラム[※1]とコアントロー[※2]とレモンジュースをシェイクして作るのよ．名前は「XYZ[※3]」

🖤 : X，Y，Z……

🖤 : そう．「これでおしまい」というお酒

※ 1　サトウキビから作られる蒸留酒．

※ 2　オレンジの香りをもつリキュール．

※ 3　X, Y, Z の後に続くものがないことから，「これでおしまい」という意味のカクテル．松田優作主演の映画『野獣死すべし』にもこのカクテルの名前が出てきました．

素数の性質

ここでは、フェルマの小定理（定理5.1）を証明し、その後、抽象的な代数学にも少し触れることにします。

まず、次の定理を紹介しましょう。この定理は、素数のもつ重要な性質を述べています。

> **定理 5.3**
>
> p は素数とし、a は p の倍数でない整数とする。n は整数とし、na は p の倍数であると仮定する。このとき、n は p の倍数である。

つまり、「p の倍数でない整数 a を n 倍して p の倍数になったとしたら、n そのものが p の倍数である」ということを定理5.3は主張しています。

このようなことは、p が素数でない場合には成り立たないことに注意しましょう。たとえば、$p=6$ とすると、p は素数ではありません。$a=2, n=3$ とすると、a も n も p の倍数でありませんが、na は p の倍数です。

それでは、定理5.3が成り立つ理由を考えましょう。そのために、Chapter 4のP.153で述べたことをもう1度くり返します。

> Chapter 1の内容を最終章でも使うのです

$$* \qquad * \qquad *$$

a, b を整数とし、a と b の最大公約数を d とするとき、基本方程式 (1.6)

$$ax + by = d$$

の整数解を求めることができました。ここでも、式 (1.6) を満たす整数 x, y が存在するということが大事です。

特に、a は素数とし、b は a で割り切れないと仮定すると

$$ax + by = 1$$

を満たす整数 x, y が存在します.

＊   ＊   ＊

定理5.3の証明にとりかかります.

p は素数とし, a は p の倍数でないと仮定すると, 上に述べたことにより

$$px + ay = 1 \tag{5.12}$$

を満たす整数 x, y が存在します.

いま, 式 (5.12) を辺々 n 倍して, 左右を入れかえると

$$n = npx + nay$$

が得られます. この式の右辺に着目しましょう. npx は整数 nx の p 倍ですから, p の倍数です. いま, na は p の倍数であるとしています. すると, nay も p の倍数です. したがって, $npx + nay$ も p の倍数です. これが n に等しいのですから, n は p の倍数です.

こうして, 定理5.3は証明されました.

フェルマの小定理の証明の準備が整いました.

2nd STEP ❷ フェルマの小定理の証明

フェルマの小定理 (定理5.1) は次のようなものでした.

> **定理 5.1** フェルマの小定理
>
> p は素数とし, 整数 a は p の倍数でないとする. このとき, 次の合同式が成り立つ.
>
> $$a^{p-1} \equiv 1 \pmod{p}$$

それでは，この定理を証明します．

aをpで割った余りをr_1とします．$2a$をpで割った余りをr_2とします．同様に，$3a$, ..., $(p-1)a$をpで割った余りをそれぞれr_3, ..., r_{p-1}とします．このとき，次の$(p-1)$個の合同式が成り立ちます．これらの式に上から(1)，(2), (3), ..., $(p-1)$と番号をつけておきます．

$$a \equiv r_1 \quad (\mathrm{mod}\ p) \quad \cdots\cdots(1)$$
$$2a \equiv r_2 \quad (\mathrm{mod}\ p) \quad \cdots\cdots(2)$$
$$3a \equiv r_3 \quad (\mathrm{mod}\ p) \quad \cdots\cdots(3)$$
$$\vdots$$
$$(p-1)a \equiv r_{p-1} \quad (\mathrm{mod}\ p) \quad \cdots\cdots(p-1)$$

このとき，$r_1, r_2, r_3, ..., r_{p-1}$は0ではありません．なぜでしょうか？ 仮に，ある整数$k\,(1 \leq k \leq p-1)$に対して，$r_k = 0$であるとしましょう．これは，kaがpの倍数であることを意味します．すると，定理5.3により，kはpの倍数でなければなりません．でも，1以上$p-1$以下の整数kはけっしてpの倍数にはなりません．ですから，r_kはけっして0にはならないのです．

また，$r_1, r_2, r_3, ..., r_{p-1}$はすべて異なります．なぜでしょうか？ 仮に，ある整数$k, \ell\,(1 \leq k < \ell \leq p-1)$に対して，$r_k = r_\ell$が成り立つとしましょう．このとき，$ka$を$p$で割った余りと，$\ell a$を$p$で割った余りが等しいので

$$ka \equiv \ell a \quad (\mathrm{mod}\ p)$$

が成り立ちます．このことより，$\ell a - ka$，つまり，$(\ell-k)a$がpの倍数であることがわかります．ここで再び定理5.3によって，$\ell-k$はpの倍数でなければなりません．しかし

$$0 < \ell - k < p$$

ですので，$\ell-k$はpの倍数ではありません．ですから，$r_1, r_2, ..., r_{p-1}$はすべて異なるのです．

さて，ここで，$(p-1)$個の合同式(1)から合同式$(p-1)$までを辺々かけ合

わせてみましょう. 左辺は

$$a \times 2a \times \cdots \times (p-1)a = (p-1)! \, a^{p-1}$$

となります. ここで

$$(p-1)! = 1 \times 2 \times \cdots \times (p-1)$$

です.

では, 右辺はどうでしょうか?

実は, 式 (1) から式 $(p-1)$ までの右辺をすべてかけ合わせると

$$(p-1)!$$

となります. なぜでしょうか?

$r_1, r_2, \ldots, r_{p-1}$ は p で割ったときの余りですから, 0 以上 $(p-1)$ 以下ですが, すでに示したように, これらは 0 ではないので, 1 から $(p-1)$ までの整数のうちのどれかです.

また, これらはすべて異なることもすでにわかっています.

すると, $r_1, r_2, \ldots, r_{p-1}$ を並べたときに, 1 から $p-1$ までの整数が 1 回ずつあらわれることになりますね! したがって, かけ算は順序を入れかえても同じ結果になることに注意すれば

$$r_1 r_2 \cdots r_{p-1} = 1 \times 2 \times \cdots \times (p-1) = (p-1)!$$

が成り立つことがわかります.

結局, $(p-1)$ 個の合同式 (1) から $(p-1)$ までを辺々かけ合わせることにより

$$(p-1)! \, a^{p-1} \equiv (p-1)! \pmod{p}$$

が得られました.

このことは, $(p-1)! \, a^{p-1} - (p-1)!$, つまり

$$(p-1)!(a^{p-1} - 1)$$

がpの倍数であることを意味します。ところが，$(p-1)!$はpの倍数ではありません。実際，定理5.3によれば，pの倍数でないものをかけ合わせても，けっしてpの倍数にはならないからです。すると，$(p-1)!(a^{p-1}-1)$がpの倍数であって，$(p-1)!$がpの倍数ではないのですから，定理5.3をもう1度用いると，$a^{p-1}-1$がpの倍数でなければならないことがわかります。したがって

$$a^{p-1} \equiv 1 \pmod{p}$$

が成り立ちます。これが証明したかった合同式です。こうして，フェルマの小定理が証明できました。

Wine bar story 🍷 **Take a Break**

:$r_1 r_2 \cdots r_{p-1} = (p-1)!$となるところが，ちょっとトリッキーでしたね

:こんなクイズはどうかしら？「1から4までの整数のうちのどれかが書かれたカードが4枚あります。4枚のカードには，すべて異なる数が書かれています。これらのカードを裏返しにして並べます。このとき，カードに書かれた数を順にかけ合わせると，いくつですか？」

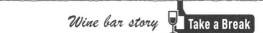

$$\square \times \square \times \square \times \square = ??$$

もちろん，答えはわかるわよね

:$1 \times 2 \times 3 \times 4 = 24$。なるほど。かけ算は順序に無関係ですからね。……それにしても，フェルマの小定理の証明も終わって，めでたしめでたし，ですね

:これまでの説明に関連して，ちょっとだけ抽象的な代数学の話をしようと思うんだけど，聞いてくれるかしら？

:もちろんです！

3rd STEP　環と体 ── $\mathbb{Z}/m\mathbb{Z}$ は環である

　整数全体の集合を $\mathbb{Z}$ と表します．集合 $\mathbb{Z}$ には加法・減法・乗法が定義され
ていて，交換法則や分配法則など，一定のルールにしたがって，それらの演
算を運用することができます．正確な定義は述べませんが，このような集合
を環とよびます．四則演算のうち，割り算（除法）以外の3つの演算が備わっ
た集合が環です．

　前に述べたように，四則演算がすべて備わった集合を体とよびました．で
すから，体は環の一種です．環の中で，さらに割り算もできるものが体なの
です．

　ここでは，合同式に関連して，$\mathbb{Z}$ 以外の環の例を1つ紹介しましょう．

　m は2以上の整数とします．合同式

$$x \equiv y \quad (\bmod m)$$

はすでにおなじみですが，すべての整数は m を法として

$$0, 1, 2, ..., m-1$$

のどれかと合同です．そこで，整数全体を m 個の班に班分けしてみましょう．

　m を法として0と合同な整数全体を集めて班を作り，その班を $[0]$ と命名
しましょう．これは，m の倍数全体の集合にほかなりません．

　同様に，m を法として，$1, 2, ..., m-1$ と合同な整数全体をそれぞれ $[1]$, $[2]$,
..., $[m-1]$ とします．

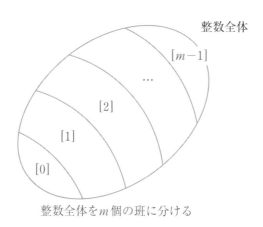

整数全体をm個の班に分ける

　いま，ひとつひとつの班を1つの「モノ」とみなし，m個の班

$$[0], [1], [2], ..., [m-1]$$

からなる集合を$\mathbb{Z}/m\mathbb{Z}$と表します.

> 思わせぶりな記号$\mathbb{Z}/m\mathbb{Z}$には理由が
> あるのですが，気にしないでください

　さて，ここで，2つの班同士の
演算を考えます.

　たとえば，$m=5$としましょう.　$\mathbb{Z}/5\mathbb{Z}$は

$$[0], [1], [2], [3], [4]$$

という5個の班によって構成されています.　たとえば

$$[1]+[2]$$

を考えたいのですが，そのために，各班から代表を出してもらい，演算を決
めることにしましょう.

　いま，班$[1]$から代表として1という数を出し，班$[2]$から2を代表に出し
たとすると

$$1+2=3$$

です.　数3の属する班は$[3]$ですので，この場合

$$[1]+[2]=[3]$$

と定めることにします.

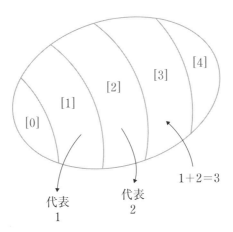

別の代表を選んだとしても, 結果は変わりません. たとえば, 班[1]から代表として6を選び, 班[2]から代表12を選んだとすると

6を5で割った余りは1ですね!　　　　$6+12=18$

となりますが, 18は, やはり班[3]に属します.

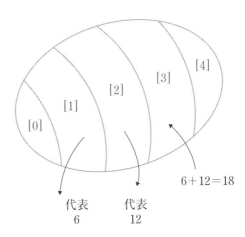

　かけ算についても同様です．[3]×[4]は何でしょうか？ 班[3]と班[4]の代表として，それぞれ3, 4を選ぶと

$$3 \times 4 = 12$$

ですが，12は班[2]に属します．代表の選び方を変えても結果は同じですので

$$[3] \times [4] = [2]$$

です．

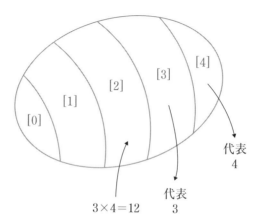

代表
4

3×4=12

代表
3

　引き算については述べませんが，それも同様です．

　このようにして，集合$\mathbb{Z}/5\mathbb{Z}$に加法・減法・乗法を定めることができます．

　一般に，集合$\mathbb{Z}/m\mathbb{Z}$に加法・減法・乗法を定めることができ，一定のルールにしたがって演算を運用することができます．こういう集合を「環」とよびました．つまり，$\mathbb{Z}/m\mathbb{Z}$は環である，ということになるのです．

　整数全体の集合$\mathbb{Z}$は無限個の数を含んでいますが，$\mathbb{Z}/m\mathbb{Z}$は有限個（この場合はm個）の要素から成り立っています．そういう集合に対しても，加法・減法・乗法が定義できることがあります．

　現代の抽象的な代数学は，このようなものも取り扱うのです．

群・環・体 ── そして，フェルマの小定理の別証明

$\mathbb{Z}/m\mathbb{Z}$ が環であることはすでに述べました．それでは，この集合は体になるのでしょうか？

$m = 4$ としてみましょう．$\mathbb{Z}/4\mathbb{Z}$ は，$[0], [1], [2], [3]$ という4個の要素から成り立っていて，たとえば，次の等式が成り立ちます．

$$[2] \times [0] = [0]$$
$$[2] \times [1] = [2]$$
$$[2] \times [2] = [0]$$
$$[2] \times [3] = [2]$$

このことからわかるように

$$[2] \times [x] = [1]$$

となるような $[x]$ は存在しません．つまり，$\mathbb{Z}/4\mathbb{Z}$ という集合の中では

$$[1] \div [2]$$

という割り算はできないのです．したがって，$\mathbb{Z}/4\mathbb{Z}$ は環ではあるけれども，体ではないのです．

ところが，m が素数の場合は，$\mathbb{Z}/m\mathbb{Z}$ は体になります．文字 m を p にとりかえて，定理の形にまとめておきましょう．

定理 5.4

p が素数ならば，$\mathbb{Z}/p\mathbb{Z}$ は体である．

定理5.4が成り立つことを確認します．

$\mathbb{Z}/p\mathbb{Z}$ は

$$[0], [1], [2], ..., [p-1]$$

から成り立っています.

いま, pを素数とし, aを1以上$p-1$以下の整数とします. このとき, $\mathbb{Z}/p\mathbb{Z}$において

$$[a] \times [x] = [1]$$

を満たす$[x]$が存在します. なぜでしょうか?

またもやテーマ1.3を思い出すことにしましょう. pは素数であり, aはpの倍数でないので

$$ax + py = 1$$

を満たす整数x, yが存在します. このとき

> $ax-1 = -py$となり, これはpの倍数ですね

$$ax \equiv 1 \pmod{p}$$

であるので, $\mathbb{Z}/p\mathbb{Z}$において

$$[a] \times [x] = [1]$$

が成り立ちます.

つまり, $[x]$は$[a]$の「逆数」と考えることができるのです. そうすると, 逆数をかけることを「割り算」とみなすことができます. こうして, $\mathbb{Z}/p\mathbb{Z}$が体であることが確認できました.

体$\mathbb{Z}/p\mathbb{Z}$は有限個(この場合はp個)の要素から成り立っています. このような体を**有限体**とよびます.

ところで, 「体には四則演算が定まっている」といっても, 0で割ることはできません. $\mathbb{Z}/p\mathbb{Z}$においても, $[0]$で割ることはできません.

そこで, $\mathbb{Z}/p\mathbb{Z}$から$[0]$を取り除いた$(p-1)$個の要素の集合

$$[1], [2], ..., [p-1]$$

を考えると，これらの$(p-1)$個の要素は，かけ算に関して閉じています．また，それぞれの要素に「逆数」が存在します．くわしくは述べませんが，このようなものは**群**とよばれます．「かけ算」という演算を考えているので，このような群は「**乗法群**」とよばれます．

ここで，[1] という要素は，どんな$[x]$に対しても

$$[1] \times [x] = [x] \times [1] = [x]$$

を満たす，という特別な性質をもっていることに注意しましょう．このようなものを乗法群の**単位元**とよびます．

さて，群に関する理論を**群論**といいますが，群論の初歩を勉強すると，次のような一般的な定理を証明することができます．

定理 5.5

Gはn個の要素からなる乗法群とし，その単位元を1と表すことにする．このとき，Gに属する任意の要素gに対して

$$g^n = 1$$

が成り立つ．

定理5.5の証明は述べませんが，この定理を用いると，フェルマの小定理の別証明ができます．

pが素数であり，aが1以上$p-1$以下の整数であるとき，先ほど述べたように，$\mathbb{Z}/p\mathbb{Z}$に属する$(p-1)$個の要素

$$[1], [2], ..., [p-1]$$

からなる集合は，乗法群です．したがって，定理5.5により

$$\underbrace{[a] \times [a] \times \cdots \times [a]}_{(p-1)\text{個}} = [1]$$

が成り立ちます．これは

$$a^{p-1} \equiv 1 \pmod{p}$$

が成り立つことを意味します.

　こうして，フェルマの小定理の別証明ができました.

　抽象的な代数学を用いると，見通しのよい議論が展開できるのです.

（ まとめ ）

　フェルマの小定理を証明しました．また，群・環・体といった抽象的な代数学の理論を用いれば，より見通しのよい証明ができることを述べました.

長いお別れ※……にはならないだろう

　ここまでの説明を終えると，先生はちょっとさびしそうな顔をして，「じゃあ，また」と言って席を立った．

　「ちょっと待ってください」と，ぼくは言った．「抽象的な代数学についても知りたいです」

　先生はぼくのほうを見て，何も言わず，にっこり笑った．ぼくは先生のそんな笑顔をはじめて見た．

　それから先生はドアに向かって歩き出した．先生はちょっと酔っていて，足もとがふらついていたが，そのまま振り返らずにドアをあけて出て行った．ぼくは先生の足音に耳を傾けた．それはすぐに小さくなり，聞こえなくなった．

　けれども，ぼくは知っている．明日になれば，何事もなかったような顔で，先生がまたここにやってくることを．そして

　　　：サンチョ，またあんたね．ギムレットには早すぎるんじゃない？

などと言いながら，数学の話をしてくれることを……．

※　　レイモンド・チャンドラーという作家に『長いお別れ（The Long Goodbye)』というハードボイルド小説があります．村上春樹氏による翻訳もあります．

Appendix

Wine bar story
ゴルフ場への道すがら，
私はついつい熱くなる

　早朝にもかかわらず，高速道路は混雑していた．私はオートクルーズコントロール機能を使って車を走行させていた．

:先生がゴルフをするとは，意外でした．ワインバーで飲んでいる姿しか見たことがないので……．ところで，開平法ですけど，スマホでも計算ができる時代に，わざわざ学ぶ意味はあるんですか？ ……いえ，ぼくがそう思うんじゃなくて，そう思う人もいるんじゃないかな，と思ったりなんかして……

:あんたの甥っ子さんがそう言ったの？

:いえ，甥は面白がって，ときどき平方根を計算しています

:それが素直な反応というものよ．……ところで，開平法が電卓より優れている点は何だかわかる？

:それは，ええと……

:「余り」を出してくれるところよ．たとえば，開平法を使って，$\sqrt{10}$ の計算を 3.16 というところまで求めると

$$3.16^2 = 10 - 0.0144$$

ということもわかる[※1]

:はあ……

:それから，$x^3 + 5x = 100$ という方程式の実数解を普通の電卓[※2]で求めるのは難しいわよね

※1　テーマ 2.1 の例 2.1 を参照．

※2　関数電卓やプログラム電卓ではない普通の電卓，という意味です．

：はあ……

　高速道路のインターチェンジ出口にさしかかったので，私はオートクルーズコントロール機能を解除した.

：納得していない顔ね. でもね. じゃあ,「電卓で簡単にかけ算ができるんだから，小学校でかけ算の筆算を教えるのは意味がない」なんて言える？ ……笑いごとじゃなくて，それに近い意見が本気でまかり通っていた時期もあるのよ. ……あたしは思うの. 数学を学ぶにあたって大事なことの１つは,「数に対する感覚」を育てることなんじゃないかってね.「数感」とでもいうのかしら. そして，計算練習は「数感」を育てるための大切なドリルなのよ.「計算」と「理論」は対極のものじゃない. あたしたちが計算をするとき,「数感」もフル回転している. ……あたしは言いたい.「計算」と「理論」を分けて考える人間は数学を語るな！「スマホで計算ができるんだから，人間が面倒な計算をしなくても……」と思う人間は,「スマホばっかりいじってないで，勉強しなさい！」などと言って自分の子供を叱るな！

：……

：おいしい料理はレストランに行けば食べられるし，惣菜はどこでも売っているから，自分で料理なんかしなくていいっていうの？ そんなことを言う編集者は「レシピ本」を出すな！「計算は計算機にさせておけ」などと言う編プロは「脳トレ本」を出すな！ ……考えてみれば，開平法や開立法は，最高の「脳トレ」よ.「究極の脳トレ ── 開平法と開立法」なんて本はどうかしら？

：……

 ：子供の頃，はじめて筆算を習って，それができたときの喜び
……そういう子供っぽい純粋さが何にもまして大事なのよ．
人類の進歩の歴史は，そういう子供っぽい，純粋な，心の奥
底からわきあがるようなエネルギーに支えられてきたんじゃ
ないの？

 ：あの……．お話し中，恐縮ですが，ゴルフ場に着いているの
で……

ニュートンの方法

Wine bar story 🍷 **Take a Break**

9ホールを終えて，私たちはクラブハウスで昼食を注文した[1].

⚫：先生，車の中の話の続きなんですけど，計算機で

$$x^3 + 5x = 100$$

の実数解をどうやって求めるんですか？

⚫：「ニュートンの方法」という基本的な方法を説明するわね．午後のスタート[2]まで，まだ少しあるから

$f(x)$は微分可能な関数とします．このとき，次のようにして

$$f(x) = 0$$

を満たすxの近似値を求めることができます．**ニュートンの方法**とよばれる方法です．

※ 1　ゴルフは18ホールを回ります．日本のゴルフ場では，9ホール終えた時点で昼食をとりつつ休憩をとるのが普通です．

※ 2　9ホールを終えてクラブハウスに帰ってくると，昼食後のスタート時刻が書かれたカードを渡されるのが普通です．

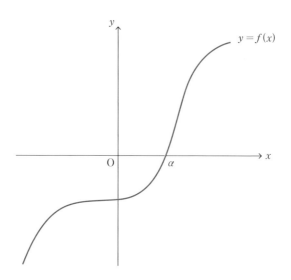

　図のように，曲線 $y = f(x)$ が x 軸と交わる点の x 座標を α とし，この α を求めます．

1　適当な数 a に対して，点 $(a, f(a))$ における曲線の接線を考えます．接線は点 $(a, f(a))$ を通り，傾きが $f'(a)$ の直線ですので，その方程式は

$$y = f'(a)(x-a) + f(a) \qquad (\text{AP.1})$$

と表されます．

2　その接線が x 軸と交わる点の x 座標を求めます．それは，式 (AP.1) において，$y = 0$ とおいたときの x の値ですから

$$a - \frac{f(a)}{f'(a)}$$

です．この値は，最初の a の値よりも α に近づいています．

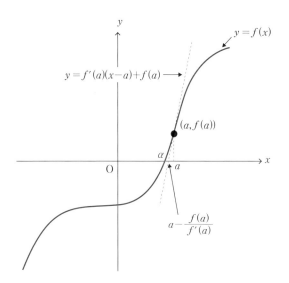

3 こうして得られた値をあらためて a とおいて，①，②の操作をくり返せば，どんどん正確な値 α に近づいていくのです．

では，実際にニュートンの方法を用いて

$$x^3 + 5x = 100$$

の実数解の近似値を求めてみましょう．

$$f(x) = x^3 + 5x - 100$$

とおくと

$$f'(x) = 3x^2 + 5$$

です．そこで，次のような性質をもつ数列

$$a_1, a_2, a_3, \cdots$$

を考えます．

$$\begin{cases} a_1 = 5 \\ a_{n+1} = a_n - \dfrac{a_n^3 + 5a_n - 100}{3a_n^2 + 5} \end{cases} \quad (n = 1,\ 2,\ 3,\ \cdots)$$

 このような式を漸化式といいます

a_1の値は何でもよいのですが，ここでは「5」としました．a_2, a_3, a_4を順次計算してみると

$$a_2 = 4.375$$
$$a_3 \fallingdotseq 4.285$$
$$a_4 \fallingdotseq 4.283$$

となります．筆算の計算結果に近づいていますね． テーマ3.2参照

Wine bar story **Take a Break**

10番ホール^{※1}にて

：あ，ぼくのボールはここです．そこに100ヤードの杭^{※2}があっ
て，ピン^{※3}はグリーン中央だから，残り100ヤード．……でも，
ボールはピンまで100ヤードの地点から真横に30ヤード右にず
れているから，正確には100ヤードより少し長いですね

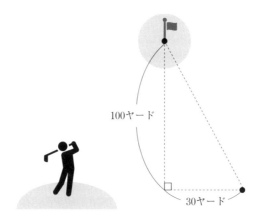

⬤：じゃあ，ピンまで何ヤード？

⬤：ええと，三平方の定理を使って

$$\sqrt{100^2 + 30^2}$$

　を計算すればいいですよね．ちょっと待ってください

⬤：待てないわよ．後ろの組も来てるのよ[※4]

⬤：スマホは貴重品ロッカーに預けたままですし……

⬤：スマホがあったとしても，ここで計算をしているヒマはない

　　わよ．……しょうがないわね．104.5 ヤード弱．風もないし，

　　上りも下りもない[※5]から，距離ピッタリで打っていいわよ

⬤：わかりました．では，チャー・シュー・メン[※6]！あっ……

⬤：フォア〜〜〜〜〜!!!!![※7]

※ 1　ゴルフ場のホールには，1 番から 18 番までの番号がつけられていることが多いのです．午前中に 1 番ホールから 9 番ホールまで回ったとすると，午後は 10 番ホールからのスタートです．

※ 2　グリーン（普通はその中央）まで 100 ヤードであることを示す杭のこと．

※ 3　グリーン上に立てられた旗．最終目標のカップの位置を示します．

※ 4　ゴルフは通常，4 人 1 組で回ります．次の組との間隔は 6 分から 7 分です．プレー中は，流れを渋滞させないことが大事です．

※ 5　風があったり，コースにアップダウンがあったりすると，そのことを考慮してショットを打たなければなりません．

※ 6　ゴルフのスイングはリズムが大事．「イチ，ニ，サン」の代わりに「チャー・シュー・メン」と言っているのです．

※ 7　打ったボールが隣のコースに飛んでいったのです．その場合，とても危険ですから，大声で「フォアー！」と叫んで，まわりのプレーヤーに知らせます．

直角三角形の斜辺の長さの概算

Wine bar story **Take a Break**

- : ああ，今日のゴルフは散々でした．途中，あのOB[1]から調子が狂っちゃいました．あれさえなければ……

- : はい，鶏レバーの赤ワイン煮込み．今日のつまみにピッタリでしょ．もう1つ，鱈の煮付けでもあったらよかったんだけど……

- : 「たら」「れば」[2]ですか．……先生，あのとき，瞬く間に「104.5ヤード弱」って言いましたよね．どうやって計算したんです？

- : ちょっとかけ算や割り算をしただけ．……でも，せっかくきちんと距離を教えてあげたのに，まさかのOB……

- : それを言わないでくださいよ

次の直角三角形の斜辺のおおよその長さは，次のようにして求められます．

---

[1]　決められた範囲の外にボールが行ってしまい，打ち直しとなること．そのとき，プラス2打の罰が課せられます．ゴルフは打数が少ないほうがよいのですが……．

[2]　あのときの「あれがなければ」とか，「あれが入っていたら」などと言っても仕方ないのですが，言いたくなるのがゴルファーの悲しいサガといいましょうか……．

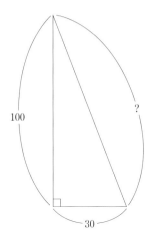

1　30は100の3割，つまり，0.3倍です．

2　30の3割は，$30 \times 0.3 = 9$です．

3　9を半分にします．$9 \div 2 = 4.5$です．

4　$100 + 4.5 = 104.5$が斜辺のおおよその長さです．実際にはそれより若干短いので，斜辺の長さは「104.5弱」です．

三平方の定理を使って計算した結果と比べてみましょう．

$$\sqrt{100^2 + 30^2} = \sqrt{10900} \fallingdotseq 104.4$$

どうです？　なかなかよい近似値でしょう．

：そうよ．0.1ヤードって，10cm弱よね．100ヤード離れたところから，10cmの誤差の範囲にボールを打てるようなショットの精度は，アマチュアにはないから，まったく問題ないわよね．10cmどころか，なんたって，OBだもんね……

：だから，それは言わないでくださいってば！

では，次の直角三角形の斜辺の長さはどうでしょう？

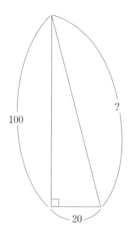

1 20は100の2割，つまり，0.2倍です．

2 20の2割は，20×0.2＝4です．

3 4を半分にします．4÷2＝2です．

4 100＋2＝102が斜辺のおおよその長さです．実際にはそれより若干短いので，斜辺の長さは「102弱」です．

三平方の定理を使って計算した結果と比べてみましょう.

$$\sqrt{100^2+20^2}=\sqrt{10400}\fallingdotseq 101.98$$

　先程よりも精度のよい近似ですね. 縦の長さに比べて横の長さが短いほど, よい近似が得られます.

　一般に, Oを直角の頂点とする直角三角形OABを考え, 辺OAの長さをa, 辺OBの長さをbとします. ここで, aに比べてbは十分に小さいとします.

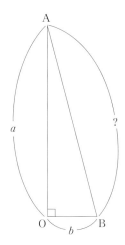

1 $\dfrac{b}{a}$を求めます.

2 $b\times\dfrac{b}{a}$, つまり, $\dfrac{b^2}{a}$を計算します.

3 それを半分にします. つまり, $\dfrac{b^2}{2a}$を計算します.

4 $a+\dfrac{b^2}{2a}$が斜辺のおおよその長さです. 実際にはそれより若干短くなります.

　なぜ, このような近似式が成り立つのでしょうか?
　2通りの方法で, その理由を説明します.

⊟ 説明1：微分を用いた説明

$\dfrac{b}{a} = x$ とおきます．x は十分0に近いとしましょう．三平方の定理を用いて，斜辺の長さを計算すると

$$\sqrt{a^2+b^2} = a\sqrt{1+\left(\dfrac{b}{a}\right)^2} = a\sqrt{1+x^2}$$

です．さらに，$x^2 = t$ とおき

$$f(t) = \sqrt{1+t}$$

とおきます．曲線 $y = f(t)$ は次のようなものです．

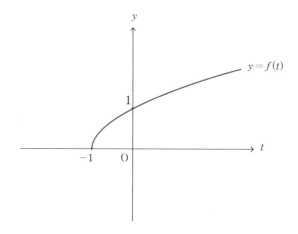

点 $(0, 1)$ におけるこの曲線の接線の方程式を求めましょう．

$$f'(t) = \dfrac{1}{2\sqrt{1+t}}, \quad f'(0) = \dfrac{1}{2}$$

が成り立つので，接線の方程式は

$$y = 1 + \dfrac{1}{2}t$$

です．

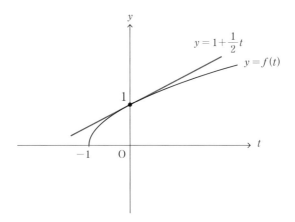

したがって，t が 0 に近いときは，次の近似式が成り立ちます．

$$f(t) = \sqrt{1+t} \fallingdotseq 1 + \frac{1}{2}t$$

ここで，$t = x^2$ であったので

$$\sqrt{1+x^2} \fallingdotseq 1 + \frac{1}{2}x^2$$

が得られます．さらに，$x = \dfrac{b}{a}$ であったので

$$\sqrt{a^2+b^2} = a\sqrt{1+x^2} \fallingdotseq a\left(1 + \frac{b^2}{2a^2}\right) = a + \frac{b^2}{2a}$$

が成り立つことがわかります．これが求めたかった近似式です．

⊟ 説明 2：平面幾何による説明

直角三角形 OAB において

$$\angle OAB = \alpha$$

とします．また，点 O から辺 AB に下ろした垂線の足を H とします．

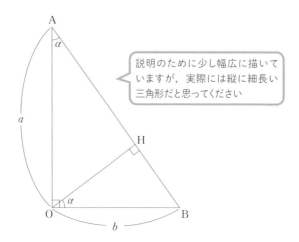

説明のために少し幅広に描いていますが，実際には縦に細長い三角形だと思ってください

このとき，∠HOB ＝ α であり，三角形OABと三角形HOBは相似です．したがって

$$（\text{AOの長さ}）：（\text{OBの長さ}）=（\text{OHの長さ}）：（\text{HBの長さ}）$$

が成り立ちます．ここで，aに比べてbが小さいので

多少の誤差は無視しましょう $\quad（\text{OHの長さ}）≒（\text{OBの長さ}）=b$

が成り立つと考えられます．したがって

$$a：b ≒ b：（\text{HBの長さ}）$$

となり

$$（\text{HBの長さ}）≒ \frac{b^2}{a}$$

であると考えられます．

次に，辺AB上に点Cを

$$（\text{ACの長さ}）=（\text{AOの長さ}）$$

となるようにとります．このとき，三角形AOCは二等辺三角形ですので

$$\angle \mathrm{AOC} = \frac{1}{2}(180° - \alpha) = 90° - \frac{\alpha}{2}$$

が成り立ち，このことより

$$\angle \mathrm{HOC} = \angle \mathrm{COB} = \frac{\alpha}{2}$$

であることがわかります．

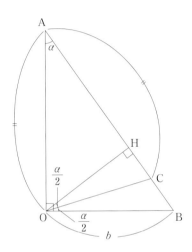

つまり，直線OCは∠HOBの二等分線です．ここで，ふたたび

$$(\mathrm{OH} \text{の長さ}) \fallingdotseq (\mathrm{OB} \text{の長さ})$$

であることに注意すると，Cは辺HBの「ほぼ中点」
であると考えられます．したがって

> ここでも，多少の誤差
> は無視しましょう

$$(\mathrm{CB} \text{の長さ}) \fallingdotseq \frac{1}{2}(\mathrm{HB} \text{の長さ}) \fallingdotseq \frac{b^2}{2a}$$

であると考えられます．このことより

$$(\mathrm{AB} \text{の長さ}) = (\mathrm{AC} \text{の長さ}) + (\mathrm{CB} \text{の長さ}) \fallingdotseq a + \frac{b^2}{2a}$$

という近似式が求められました．

Wine bar story Take a Break

👤：先生，付録だと思って，議論が投げやりじゃないですか？ 特に「平面幾何による説明」はとても大ざっぱな感じがします

👤：大ざっぱだけど，あんたのショットよりはずっと精密よ．なんたって，OBだもんね．あんたの名前，これから「オー・ビー・サンチョ」に変えようか？

👤：もう！ やめてください

👤：じゃあね．さよなら，オー・ビー・サンチョ！

Wine bar story Ending

またまた長いお別れ……にはならないだろう

　先生は今日も相当に酔っぱらっていた．昼間のゴルフの疲れも手伝ってのことだろう，足もとのふらつき方もかなりひどかった．それでも先生はにっこりと笑って，ドアのほうへ歩いていった．

　ぼくは「さよなら」は言わなかった．だって，本当の「さよなら」はすでに言ってしまったのだから．だって，これは「付録」なのだから．

　それに，どうせ明日になれば，また先生はここにやってきて

👤：サンチョ，またあんた，ここにいるのね

と言うに決まっている．

　そして，そのとき，ぼくは心の中で，こうつぶやくのだ．「先生だって，またここに来ているくせに」と……．

Index

〈著者略歴〉

海老原　円（えびはら　まどか）

1962 年東京生まれ．1985 年東京大学理学部数学科卒業．
同大学院を経て 1989 年学習院大学助手．
現在埼玉大学大学院理工学研究科准教授．
博士（理学）東京大学，専門は代数幾何学．

著書に，『線形代数』『代数学教本』『じっくり速習線形代
数と微分積分大学理系篇』（以上，数学書房），『14 日間で
わかる代数幾何学事始』（日本評論社）『詳解と演習大学院
入試問題＜数学＞｜大学数学の理解を深めよう』（数理工
学社）（共著），『例題から展開する線形代数』『例題から展
開する線形代数演習』『例題から展開する集合・位相』（以
上，サイエンス社）がある．ワインを愛飲している．

じっくり味わう代数学

2021 年 4 月 23 日　　第 1 版第 1 刷発行
2021 年 5 月 30 日　　第 1 版第 2 刷発行

著　　者　海老原　円
発 行 者　村 上 和 夫
発 行 所　株式会社 オーム社
　　　　　郵便番号　101-8460
　　　　　東京都千代田区神田錦町 3-1
　　　　　電話　03(3233)0641(代表)
　　　　　URL　https://www.ohmsha.co.jp/

© 海老原円 2021

組版　BUCH⁺　印刷・製本　図書印刷
ISBN978-4-274-22624-3　Printed in Japan

本書の感想募集 https://www.ohmsha.co.jp/kansou/
本書をお読みになった感想を上記サイトまでお寄せください．
お寄せいただいた方には，抽選でプレゼントを差し上げます．